航天科技图书出版基金资助出版

运载火箭智能控制

李超兵　路坤锋　尚　腾　著

中国宇航出版社

·北京·

图书在版编目（ＣＩＰ）数据

运载火箭智能控制 / 李超兵，路坤锋，尚腾著 . ——
北京：中国宇航出版社，2020.8
　　ISBN 978 - 7 - 5159 - 1745 - 0

　　Ⅰ.①运… Ⅱ.①李… ②路… ③尚… Ⅲ.①运载火
箭－智能控制 Ⅳ.①V475.1

中国版本图书馆 CIP 数据核字(2020)第 225164 号

责任编辑	侯丽平	封面设计	宇星文化

出 版
发 行　　**中国宇航出版社**

社　址	北京市阜成路 8 号	邮　编	100830
	(010)60286808		(010)68768548
网　址	www. caphbook. com		
经　销	新华书店		
发行部	(010)60286888		(010)68371900
	(010)60286887		(010)60286804(传真)
零售店	读者服务部		
	(010)68371105		
承　印	天津画中画印刷有限公司		
版　次	2020 年 8 月第 1 版		2020 年 8 月第 1 次印刷
规　格	880×1230	开　本	1/32
印　张	4.875　**彩插**　8 面	字　数	140 千字
书　号	ISBN 978 - 7 - 5159 - 1745 - 0		
定　价	68.00 元		

本书如有印装质量问题，可与发行部联系调换

航天科技图书出版基金简介

航天科技图书出版基金是由中国航天科技集团公司于2007年设立的，旨在鼓励航天科技人员著书立说，不断积累和传承航天科技知识，为航天事业提供知识储备和技术支持，繁荣航天科技图书出版工作，促进航天事业又好又快地发展。基金资助项目由航天科技图书出版基金评审委员会审定，由中国宇航出版社出版。

申请出版基金资助的项目包括航天基础理论著作，航天工程技术著作，航天科技工具书，航天型号管理经验与管理思想集萃，世界航天各学科前沿技术发展译著以及有代表性的科研生产、经营管理译著，向社会公众普及航天知识、宣传航天文化的优秀读物等。出版基金每年评审1～2次，资助20～30项。

欢迎广大作者积极申请航天科技图书出版基金。可以登录中国宇航出版社网站，点击"出版基金"专栏查询详情并下载基金申请表；也可以通过电话、信函索取申报指南和基金申请表。

网址：http://www.caphbook.com

电话：(010) 68767205，68768904

前　言

　　我国运载火箭起步于 20 世纪 60 年代，经过半个多世纪的发展，经历了从无到有、从小到大、从综合性能提升到产业生态的全面发展，使我国正式跻身航天大国行列，并逐步向航天强国迈进。在过去的研制历程中，我国运载火箭设计理念和设计方法逐步完善，形成了基于偏差和基于有限故障的设计方法，并在我国现役运载火箭工程设计中得到了成功实践。随着信息时代和大数据时代的来临，对于以长征五号、长征七号火箭为代表的新一代运载火箭，我们开始探索信息数据融合的设计方法。未来运载火箭将是传统运载火箭与新一代信息及智能技术的重塑性融合，将打破传统运载火箭设计理念，形成基于信息数据融合的智慧型火箭，以提升对任务、故障和环境等的适应性。

　　人工智能作为信息科学的一个重要领域，其发展被上升到国家发展战略的高度。人工智能是推动科技革命的重要力量，促进产业持续变革，成为国家战略竞争力的重要支撑。一方面，运载火箭对全箭信息智能化决策有强烈需求；另一方面，传统控制方法为适应新型运载火箭对智能化的需求面临巨大的挑战。这两者的碰撞意味着发展智能控制的大好时机的到来，我们应紧紧抓住这个机遇，迎头创新，使我国能在新一代控制技术发展上占据制高点。

　　运载火箭智能控制系统的目标是，让火箭在飞行过程中能够实现在线故障诊断，进行本体参数及环境参数的信息感知与处理，并实时进行控制能力在线评估。随着大数据及智能技术的发展，基于全箭信息融合的智能控制技术进展显著，而且应用条件逐步成熟。对标美国以 NASA 为代表的国家科研体和以 SpaceX 公司为代表的新兴商业航天公司的新研火箭的能力，火箭控制系统的智能化特征已成为新一代火箭的标配能力。

本书针对运载火箭的参数辨识、评估决策、轨迹规划和智能控制问题，提出了基于智能控制理论的解决方案，可供运载火箭控制系统设计人员参考。全书内容共分 7 章。第 1 章梳理了国内外运载火箭控制系统的设计理念历程和运载火箭制导与控制技术进展，对比分析了国内外运载火箭控制系统的现状，提出了运载火箭智能控制系统的概念；第 2 章介绍了典型坐标系的定义、运载火箭动力学与运动学模型、典型控制方法以及控制系统的组成和功能；第 3 章介绍了运载火箭故障检测与诊断算法研究方面取得的成果；第 4 章基于解析方法介绍了基于需要速度模型的入轨能力评估方法和基于快速外推计算的入轨能力在线评估方法；第 5 章基于数值优化方法介绍了两种能够在线实现的轨迹规划方法，即基于改进间接法的轨迹规划方法和基于模型补偿的序列凸优化方法；第 6 章从人工智能理论出发，介绍了基于智能控制的运载火箭控制律、制导律设计方法；第 7 章以某型火箭为工程算例，考虑动力系统故障引起推力下降情况下，利用火箭智能控制方法，进行火箭控制能力的在线评估与轨迹在线规划。

目　录

第1章 绪 论

1.1 运载火箭控制系统的设计理念历程

我国运载火箭起步于 20 世纪 60 年代，经过半个多世纪的发展，经历了从无到有、从小到大、从综合性能提升到产业生态的全面发展，形成了 4 代 17 种运载火箭的长征火箭家族型谱，具备了发射低、中、高不同轨道，不同有效载荷的能力，使我国正式跻身航天大国行列，并逐步向航天强国迈进[1]。

航天发射的成功和航天器的安全运行不仅具有巨大的经济意义，而且具有极其重要的社会影响。我国要建成航天强国，对航天器和航天运输系统的安全性和可靠性提出了越来越高的要求。

在过去的研制历程中，我国运载火箭设计理念和设计方法逐步完善，形成了基于偏差和基于有限故障的设计方法，并在我国现役运载火箭工程设计中得到了成功实践。随着信息时代和大数据时代的来临，对于以长征五号、长征七号火箭为代表的新一代运载火箭，我们开始探索信息数据融合的设计方法。未来运载火箭将是传统运载火箭与新一代信息及智能技术的重塑性融合，将打破传统运载火箭设计理念，形成基于信息数据融合的智慧型火箭，以提升对任务、故障和环境等的适应性。运载火箭控制系统的设计理念，经历了三个阶段。

1.1.1 基于偏差的运载火箭控制系统设计

在我国运载火箭研制的初期阶段，科研设计人员克服了工业化程度落后、理论基础薄弱、研制经验缺乏的困难，逐步摸索形成了基于偏差的包络设计方法。通过对飞行过程中各种影响因素的最大可能偏离情况进行综合考虑，形成综合偏差下的最大包络，之后通过设计火箭的各项参数指标满足设计裕度，以适应偏差包络下的飞行工况。采用基于偏差的设计方法，成功研制了以长征一号、长征二号为代表的我国第一代运载火箭，实现了我国运载火箭型号的从无到有。

1.1.2　基于有限故障的运载火箭控制系统设计

在偏差设计的基础上，运载火箭设计过程中引入了 FMEA 方法，系统实现了全箭故障模式识别和分析，根据 FMEA 结果，对识别出的故障模式通过冗余设计等手段进行改进，大大提升了系统可靠性。以控制系统为例，首先长征二号对惯性系统采用了多台惯性器件系统级冗余或单台惯性器件单表级冗余，对箭载计算机采用了多 CPU 冗余，取得了很好的效果，并推广到了长征二号丙和长征三号甲系列。基于有限故障的冗余设计技术使长征二号丙和长征三号甲系列运载火箭等我国首批金牌火箭焕发了新的生命力。

1.1.3　基于全箭信息智能决策的运载火箭控制系统设计

随着我国运载火箭动力系统的发展，新一代大推力液体火箭发动机具有流量大、推力大、涡轮泵转速高、燃烧室压力高、混合比可调节、工况可变化以及可多次重复使用等特点[2]，同时这些新技术特点也带来了可靠性指标保证更加困难的问题。基于偏差和基于有限故障的控制系统设计主要是通过指标分配，完成控制、动力等各分系统设计指标的闭合，控制和动力等分系统之间的数据测量、健康监测、控制等存在一定程度的隔离，且不具备飞行过程中动态调节的能力。随着大数据及智能技术的发展，基于全箭信息融合的智能控制技术进展显著，而且应用条件逐步成熟。对标美国以NASA 为代表的国家科研体和以 SpaceX 公司为代表的新兴商业航天公司的新研火箭的能力，火箭控制系统的智能化特征已成为新一代火箭的标配能力。

1.2　运载火箭制导与控制技术进展

制导技术的发展受到计算机硬件水平、制导理论技术和飞行任务需求三方面因素的牵引和制约。早期，由于受到计算机发展的限制，运载火箭的制导大多采用摄动制导方法。随着各类航天任务的复杂化和多样化，特别是载人航天任务的发展，对制导技术的要求也越来越高，传统的摄动制导方法越来越难以满足运载火箭飞行对任务适应性的要求。以土星 V 号为代表，其采用了迭代制导方法，并在随后的理论研究中对多个类型的改进型迭代制导方法进行了大量研究，获得了广泛的应用。2011 年 11 月，迭代制导技术在我国长征二号 F 遥八火箭上首次得到飞行验证，取得了圆满成功，入轨精度创历史最高水平，近地点高度误差在 10 m 以内，轨道倾角误差在 0.001° 以内，为交会对接任务创造了良好的条件。随着航天飞机的发展，为了提高安全性和可靠性，适应更高的精度要求，开发出了包含任务中断的制导模式，之前的迭代制导升级为动力显示制导（Powered Explicit Guidance，PEG）。当前，国内外的运载火箭在大气层内普遍采用摄动制导方法，在大气层外采用摄动制导、迭代制导或动力显式制导。

尽管控制技术发展出了多种理论，在运载火箭上仍以最传统的 PID 控制为主，美国亦是如此。常规 PID 控制是基于标准弹道采用离线增益定序设计的 PID 控制参数，在实际飞行中无法实时应对各种外界干扰。尤其对重型运载火箭而言，由于起飞质量、惯量较大，在大风干扰、高能量振动环境，以及火箭分离干扰、故障等条件下，基于经典频域理论的 PID 控制系统较为保守，在实际运用中只能被动适应火箭故障，当超过设计边界时就很难应对火箭故障。近年来，针对这一问题发展了自适应增广控制（Adaptive Augmenting

Control，AAC）方法，其基本思想是通过多种控制回路提高传统控制器应对不同飞行环境的能力，在无干扰情况下完全不影响传统PID控制器的工作；引入在线自适应调整增益参数能力，在控制系统面临弹性振动、液体晃动、结构误差、风干扰等情况下依然具有良好的控制性能，增强控制系统的鲁棒性，提高火箭飞行的稳定性。

1.3　国内外运载火箭控制系统的差距分析

目前，国内外运载火箭技术对比情况见表1-1。

表1-1　国内外运载火箭技术对比情况

序号	项目		国外	国内
1	入轨精度（低轨）	半长轴精度	4 km	3 km
2		轨道倾角精度	0.03°	0.015°
3		近地点高度精度	4 km	1.8 km
4		升交点经度精度	—	0.09°
5		近地点幅角精度	—	3.87°
6	子级落点控制精度	落点精确控制能力	有	无
7		落点精度	30 m	10 km
8	任务重构能力	目标轨道自主变更能力	有	无
9		上升轨迹重规划能力	好	一般
10		轨迹重规划周期/s	5	—
11	故障适应能力	适应控制系统故障能力	好	较好
12		适应动力系统故障能力	强	弱
13	复合制导	GNSS	有	有
14	惯性器件	光学陀螺精度	$0.005(°)/h(3\sigma)$	$0.01(°)/h(3\sigma)$
15		加速度计精度	$10\ \mu g(3\sigma)$	$35\ \mu g(3\sigma)$
16	姿控技术	大风区卸载控制技术	方案先进	方法单一
17		自适应增广控制技术	有	无
18		故障诊断及在线重构技术	强	弱

续表

序号	项目		国外	国内
19	供配电	配电模式	箭上数字配电	地面配电控制
20	总线	带宽	大于 100 Mbit/s	1 Mbit/s
21		实时性	5 ms	20 ms
22	伺服系统	能源形式	全电动	燃气液压伺服
23	故障诊断	诊断方式	智能化、自动化	专家知识库

与国外相比，我国运载火箭技术差距表现在以下方面：

1）当下的智慧火箭以在线故障识别和重构、任务自适应为特征，完成在线故障识别、在线轨迹规划、在线控制重构，技术成熟后常规发射任务将是故障情况下的一种特例。目前我国运载火箭由于研制模式的限制，控制、遥测、动力等分系统存在一定的功能隔离，无单一子系统可实现对全箭资源的掌控和利用。控制系统需要面向全箭进行全局优化控制，从而实现火箭整体性能的提升。目标是将箭上信息资源互通、共享，实现飞行过程中箭上自主故障检测、故障定位和故障隔离，具备根据故障检测结果自动进行资源动态分配和冗余切换，以及进行飞行任务的自主调整，提高飞行的可靠性。

2）在动力系统的故障适应能力方面，国外火箭当飞行中动力系统出现故障时，制导控制系统能够通过主动关闭故障发动机，重新规划上升段的飞行轨迹，实施质心控制，最大限度地完成发射任务。2012 年，在猎鹰 9 号发送龙飞船的任务中，火箭第一级的 1 台发动机出现异常，但没有影响飞船的货物补给任务，显示出制导控制系统对动力系统故障具备较强的主动适应能力。目前我国运载火箭在动力系统故障情况下，制导控制系统的在线主动控制措施有待加强；另外，通过在线调整继续完成发射任务的能力有待提高。

3）在可靠性方面，前期国内对控制系统内的测量装置、控制计算机与输出设备的可靠性研究较多，如对惯性系统采用了多台惯性器件系统级冗余或单台惯性器件单表级冗余，对箭载计算机采用了多 CPU 冗余，对伺服机构采用了多套冗余等方式，取得了很好的效果。随着我国运载火箭动力系统的发展，新一代大推力液体火箭发动机具有流量大、推力大、涡轮泵转速更高、燃烧室压力更高、混合比可调节、工况可变化以及可多次重复使用等特点，同时这些新技术特点也带来了可靠性指标保证更加困难的问题。结合我国运载火箭的研制组织模式，控制和动力等分系统之间的测量数据、健康监测、控制等存在一定程度的隔离，且不具备飞行过程中动态调节的能力。

1.4　运载火箭智能控制系统的概念

运载火箭智能控制系统的目标是，让火箭在飞行过程中能够实现在线故障诊断，进行本体参数及环境参数的信息感知与处理，并实时进行控制能力在线评估。智慧火箭控制系统具备应对故障模式下的多任务适应能力，能够进行在线自主决策与快速规划，充分利用火箭的剩余能力，转入降级任务、应急救援、安全逃逸等备用任务，以保证人员或有效载荷的安全，提高执行任务的可靠性、安全性和适应能力。

下面以 2018 年的四次国际航天发射失利为例，来了解火箭智能控制系统的能力，其中联盟-FG 运载火箭虽然发射失利，但由于其采用了相对简单的智能算法，成功保证了航天员的生命安全。

2018 年 1 月 25 日，阿里安 5 号火箭执行一箭双星任务，有效载荷为 2 颗地球同步轨道通信卫星，由于火箭的方位角装定错误，没有将两枚载荷送入预定轨道，发射部分失败。此次失败终结了阿里安 5 号自 2013 年 4 月以来的连续 82 次发射成功的纪录。

2018 年 6 月 30 日，日本民营航天企业发射 Momo 火箭以失败告终。

2018 年 10 月 27 日，中国民营火箭朱雀一号在酒泉卫星发射中心发射，380 s 后，由于三级火箭飞行出现异常，其载荷未来号卫星坠入大气层烧毁。

2018 年 10 月 11 日 16 时 40 分，载有美国和俄罗斯两名航天员的联盟 MS－10 飞船由联盟－FG 运载火箭从哈萨克斯坦境内的拜科努尔发射场发射升空。火箭起飞后约 115 s，逃逸塔正常分离；约 119 s，火箭助推器分离；之后，乘组感觉失重，并报告火箭故障，随后逃逸系统启动，整流罩上的高空逃逸发动机点火，返回舱弹道式返回，着陆于哈萨克斯坦中部城镇杰兹卡兹甘以南 20 km 处，乘组状态良好。

针对上述前三个案例，若应用火箭智能控制系统后，则可实现的表现如下：

2018 年 1 月 25 日的阿里安 5 号火箭发射任务，其失利是因为火箭的方位角装定出错，设计的火箭发射方位角约 90°，实际飞行时方位角装定成 70°。在飞行过程中，地面站失去了火箭的遥测信号，火箭由于射向错误，其飞行轨迹超出了遥测范围。从智慧火箭的角度出发，箭上飞行控制系统要实时评估自身能够完成任务的能力，包括飞行中速度、位置合理性判断，当发现飞行严重偏离射面时，要及时进行在线任务决策与轨迹规划，最大限度挽救飞行任务。

日本 Momo 火箭发射坠毁是由于主推进系统出现故障；朱雀一号失利与三级控制效果迅速变差有关，从发布信息可知其与辅助动力系统异常关系较大。从智慧火箭控制系统的角度出发，飞行过程中，控制系统要实时监测动力系统的工作状态，并结合感知的过载及姿态信息，判断箭体动力系统是否正常。若出现异常，要依据剩余飞行及控制能力评估结果，迅速完成在线任务决策规划与控制重构，通过及早分离、变更目标轨道、调整控制算法等保证载荷安全。

在联盟－FG 运载火箭发射过程中，火箭的一二级分离时，一级火箭的一个助推器因电爆管未起爆而没有正常脱离，助推器撞上火箭芯级，导致火箭第二级发动机提前关闭。联盟号飞船逃逸系统目前采用了相对简单的智能算法，可以综合箭上多种信息源给出异常失重提醒，由航天员手动启动逃逸系统。本次发射虽然出现了异常，并造成了一定的经济损失，导致国际空间站补给计划发生更改，但从系统工程的角度出发，是一次成功的挽救，保住了最为核心的航天员的人身安全。

当前，现有的运载火箭仍然处于较低的弱人工智能水平，距离真正的智慧火箭还有很大的发展空间。

参 考 文 献

［1］ 李洪．智慧火箭发展路线思考［J］．宇航总体技术，2017，1（1）：5-7．

［2］ 李艳军．新一代大推力液体火箭发动机故障检测与诊断关键技术研究［D］．北京：国防科学技术大学，2014．

第 2 章　火箭控制系统建模及组成

2.1　引言

若把火箭近似为刚体，则它在空间的运动可看作是质心的移动和绕质心的转动，对于质心移动的控制称为弹道控制，绕质心运动的控制为姿态控制。火箭在控制系统作用下，通过控制推力方向、调节空气动力，克服各种扰动，使火箭按照程序弹道或设定弹道飞行。本章介绍了典型坐标系的定义、运载火箭动力学与运动学模型、典型控制方法以及控制系统的组成和功能。

2.2　坐标系定义及转换

2.2.1　坐标系定义

坐标系的定义有很多种，根据不同的研究需要有不同的定义，为了研究运载火箭飞行姿态控制的需要，定义了如下的坐标系。

（1）惯性坐标系——$OXYZ$

原点 O 为开始时刻运载火箭的发射点；OY 轴沿铅垂线方向，向上为正；OX 轴与 OY 轴垂直并指向发射方向，它与发射点子午面的夹角为 A；OZ 轴方向按右手定则确定。对于运载火箭的研究，近似认为地球静止，即惯性坐标系与地球固连。

（2）箭体坐标系——$OX_1Y_1Z_1$

原点 O 位于火箭质心位置；OX_1 轴与火箭纵轴重合，指向箭体头部为正；OY_1 轴位于火箭纵对称面内与 OX_1 轴垂直，指向火箭上方为正；OZ_1 轴方向按右手定则确定。箭体坐标系与火箭固连，是动坐标系。

（3）速度坐标系——$OX_vY_vZ_v$

原点 O 位于火箭质心位置；OX_v 轴沿速度方向；OY_v 轴位于火箭纵向对称面内与 OX_v 轴垂直，向上为正；OZ_v 轴由右手定则确定。速度坐标系与火箭速度矢量固连，是动坐标系。

（4）半速度坐标系（又称弹道坐标系）——$OX_dY_dZ_d$

原点 O 位于火箭质心位置；OX_d 轴沿速度方向；OY_d 轴位于包含速度矢量 V 的铅垂面内与 OX_d 轴垂直，向上为正；OZ_d 轴由右手定则确定。半速度坐标系与火箭速度矢量固连，是动坐标系。

2.2.2 坐标系转换关系及欧拉角定义

任何两个空间直角坐标系之间的转换均可通过方向余弦矩阵来表示，每次转换均可由一个方向余弦矩阵来描述，转换过程中所转过的角度称为两个坐标系的欧拉角，两个坐标系转换过程中将一个坐标系平移使原点重合。

在右手坐标系下，三个方向余弦矩阵为

$$\begin{cases} \boldsymbol{M}_x(\bar{\alpha}) = \begin{bmatrix} 1 & 0 & 0 \\ 0 & \cos\bar{\alpha} & \sin\bar{\alpha} \\ 0 & -\sin\bar{\alpha} & \cos\bar{\alpha} \end{bmatrix} \\ \boldsymbol{M}_y(\bar{\alpha}) = \begin{bmatrix} \cos\bar{\alpha} & 0 & -\sin\bar{\alpha} \\ 0 & 1 & 0 \\ \sin\bar{\alpha} & 0 & \cos\bar{\alpha} \end{bmatrix} \\ \boldsymbol{M}_z(\bar{\alpha}) = \begin{bmatrix} \cos\bar{\alpha} & \sin\bar{\alpha} & 0 \\ -\sin\bar{\alpha} & \cos\bar{\alpha} & 0 \\ 0 & 0 & 1 \end{bmatrix} \end{cases} \quad (2-1)$$

此处 $\bar{\alpha}$ 仅代表坐标系转换过程中转过的角度，转换过程中将实际转动角度代入即可。

（1）惯性坐标系→箭体坐标系

这两个坐标系之间的转换关系用来反映运载火箭相对于惯性坐标系的姿态角，三个姿态角分别为俯仰角 φ、偏航角 ψ、滚转角 γ。按 $\varphi \rightarrow \psi \rightarrow \gamma$ 的转序，其示意图如图 2-1 所示，从惯性坐标系到箭体坐标系的转换矩阵为

$$M_{i \rightarrow 1}(\gamma, \psi, \varphi) = M_x(\gamma) M_y(\psi) M_z(\varphi)$$

$$= \begin{bmatrix} \cos\varphi\cos\psi & \sin\varphi\cos\psi & -\sin\psi \\ \cos\varphi\sin\psi\sin\gamma - \sin\varphi\cos\gamma & \sin\varphi\sin\psi\sin\gamma + \cos\varphi\cos\gamma & \cos\psi\sin\gamma \\ \cos\varphi\sin\psi\cos\gamma + \sin\varphi\sin\gamma & \sin\varphi\sin\psi\cos\gamma - \cos\varphi\sin\gamma & \cos\psi\cos\gamma \end{bmatrix}$$

$$(2-2)$$

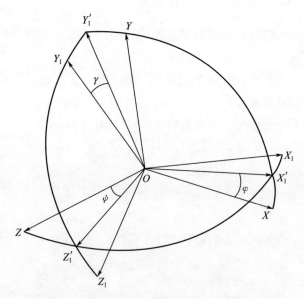

图 2-1 从惯性坐标系到箭体坐标系转换示意图

（2）惯性坐标系→半速度坐标系

这两个坐标系之间的转换关系用来反映运载火箭相对于惯性坐标系的飞行方向，用两个角度表示，分别为弹道倾角 θ、弹道偏角 σ。按 $\theta \rightarrow \sigma$ 的转序，从惯性坐标系到半速度坐标系的转换矩阵为

$$\boldsymbol{M}_{i \to d}(\sigma, \theta) = \boldsymbol{M}_y(\sigma)\boldsymbol{M}_z(\theta)$$

$$= \begin{bmatrix} \cos\theta\cos\sigma & \sin\theta\cos\sigma & -\sin\sigma \\ -\sin\theta & \cos\theta & 0 \\ \cos\theta\sin\sigma & \sin\theta\sin\sigma & \cos\sigma \end{bmatrix} \qquad (2-3)$$

（3）半速度坐标系→速度坐标系

这两个坐标系之间的转换关系用来反映火箭速度矢量相对于半速度坐标系转过的角度，只用一个速度倾侧角 γ_v 表示即可，从半速度坐标系到速度坐标系的转换矩阵为

$$\boldsymbol{M}_{d \to v}(\gamma_v) = \boldsymbol{M}_x(\gamma_v)$$

$$= \begin{bmatrix} 1 & 0 & 0 \\ 0 & \cos\gamma_v & \sin\gamma_v \\ 0 & -\sin\gamma_v & \cos\gamma_v \end{bmatrix} \qquad (2-4)$$

（4）惯性坐标系→速度坐标系

这两个坐标系之间的转换关系用来反映运载火箭相对于惯性坐标系的速度矢量状态，用三个角度表示，分别为弹道倾角 θ 、弹道偏角 σ 、速度倾侧角 γ_v 。按 $\theta \to \sigma \to \gamma_v$ 的转序，从惯性坐标系到速度坐标系的转换矩阵为

$$\boldsymbol{M}_{i \to v}(\gamma_v, \sigma, \theta) = \boldsymbol{M}_x(\gamma_v)\boldsymbol{M}_y(\sigma)\boldsymbol{M}_z(\theta)$$

$$= \begin{bmatrix} \cos\theta\cos\sigma & \sin\theta\cos\sigma & -\sin\sigma \\ \cos\theta\sin\sigma\sin\gamma_v - \sin\theta\cos\gamma_v & \sin\theta\sin\sigma\sin\gamma_v + \cos\theta\cos\gamma_v & \cos\sigma\sin\gamma_v \\ \cos\theta\sin\sigma\cos\gamma_v + \sin\theta\sin\gamma_v & \sin\theta\sin\sigma\cos\gamma_v - \cos\theta\sin\gamma_v & \cos\sigma\cos\gamma_v \end{bmatrix}$$

$$(2-5)$$

（5）速度坐标系→箭体坐标系

这两个坐标系之间的转换关系用来反映火箭速度矢量相对于箭体坐标系坐标轴的方位，用两个角度表示，分别为攻角 α 、侧滑角 β 。按 $\beta \to \alpha$ 的转序，从速度坐标系到箭体坐标系的转换矩阵为

$$M_{v \to 1}(\alpha, \beta) = M_z(\alpha) M_y(\beta)$$

$$= \begin{bmatrix} \cos\beta\cos\alpha & \sin\alpha & -\sin\beta\cos\alpha \\ -\cos\beta\sin\alpha & \cos\alpha & \sin\beta\sin\alpha \\ \sin\beta & 0 & \cos\beta \end{bmatrix} \quad (2-6)$$

在上述坐标系转换过程中，共产生 8 个欧拉角 φ、ψ、γ、θ、σ、γ_v、α、β，其定义如下：

φ：俯仰角——箭体纵轴 OX_1 在 XOZ 平面上的投影与 OX_1 轴的夹角，箭体纵轴指向 OX 轴上方为正；

ψ：偏航角——箭体纵轴 OX_1 与 XOY 平面的夹角，箭体纵轴 OX_1 在 XOY 平面左侧时为正；

γ：滚转角——箭体 OZ_1 轴与 OZ、OX_1 两轴构成的 X_1OZ 平面的夹角，OZ_1 轴在 X_1OZ 平面下方时为正；

θ：弹道倾角——速度矢量 V 在 XOY 平面上的投影与 OX 轴的夹角，速度矢量 V 指向 OX 轴上方为正；

σ：弹道偏角——速度矢量 V 与 XOY 平面的夹角，沿 OX 轴正方向，速度矢量 V 在 XOY 平面左侧时为正；

γ_v：速度倾侧角——速度坐标系 OZ_v 轴与 OZ、OX_v 两轴构成的 X_vOZ 平面的夹角，OZ_v 轴在 X_vOZ 平面下方时为正；

α：攻角——速度矢量 V 在箭体纵向对称面的投影与 OX_1 轴之间的夹角，OX_1 轴位于 V 投影的上方时为正；

β：侧滑角——速度矢量 V 与箭体纵向对称面之间的夹角，沿 OX_1 轴正向，速度矢量 V 位于箭体纵向对称面的右侧时为正。

2.3　运载火箭动力学与运动学模型

由理论力学[1]知：在惯性坐标系中任一矢量 I 对时间的导数（绝对导数），等于该矢量在动坐标系中对时间的导数（相对导数），加上动坐标系的转动角速度与这一矢量的矢积。

即

$$\frac{\mathrm{d}\boldsymbol{I}}{\mathrm{d}t} = \frac{\delta \boldsymbol{I}}{\delta t} + \boldsymbol{\omega} \times \boldsymbol{I} \tag{2-7}$$

2.3.1　火箭动力学方程

选取惯性坐标系为导航坐标系，在速度坐标系建立力平衡方程。这样令惯性坐标系为固定坐标系，速度坐标系为动坐标系，速度坐标系相对于惯性坐标系的平移速度矢量为 $\boldsymbol{V}$（绝对速度）；速度坐标系相对于惯性坐标系的角速度矢量（绝对角速度）为 $\boldsymbol{\omega}_v$，由式（2-7）可得

$$\frac{\mathrm{d}\boldsymbol{V}}{\mathrm{d}t} = \frac{\delta \boldsymbol{V}}{\delta t} + \boldsymbol{\omega}_v \times \boldsymbol{V} \tag{2-8}$$

式中，绝对导数 $\mathrm{d}\boldsymbol{V}/\mathrm{d}t$ 表示速度矢量 $\boldsymbol{V}$ 相对于惯性坐标系的变化率，相对导数 $\delta\boldsymbol{V}/\delta t$ 表示速度矢量 $\boldsymbol{V}$ 相对于速度坐标系的变化率。式（2-8）两边同乘火箭质量可得质心受到的合外力方程

$$m \frac{\mathrm{d}\boldsymbol{V}}{\mathrm{d}t} = m\left(\frac{\delta \boldsymbol{V}}{\delta t} + \boldsymbol{\omega}_v \times \boldsymbol{V}\right) = \boldsymbol{Q} + \boldsymbol{G} + \boldsymbol{P} = \boldsymbol{F}_{\hat{\Box}} \tag{2-9}$$

式中　$\boldsymbol{Q}$——火箭所受气动力；

　　　$\boldsymbol{G}$——火箭所受重力；

　　　$\boldsymbol{P}$——火箭所受的发动机推力。

气动力 $\boldsymbol{Q}$ 通常由两种方式给出。一种是速度坐标系下，三轴分量分别为阻力 D、升力 L、侧向力 Z，其大小为

$$\boldsymbol{Q} = \begin{bmatrix} D \\ L \\ Z \end{bmatrix} = \begin{bmatrix} C_D q S \\ C_L q S \\ C_Z q S \end{bmatrix} = \begin{bmatrix} C_D \dfrac{1}{2}\rho V^2 S \\ C_L \dfrac{1}{2}\rho V^2 S \\ C_Z \dfrac{1}{2}\rho V^2 S \end{bmatrix} \tag{2-10}$$

式中　C_D，C_L，C_Z——阻力系数，升力系数，侧向力系数；

　　　q——飞行动压；

　　　ρ——大气密度，是高度的函数；

S ——火箭特征面积。

另一种是箭体坐标系下，三轴分量分别为轴向力 Q_{x1}、法向力 Q_{y1}、横向力 Q_{z1}，其大小为

$$Q = \begin{bmatrix} Q_{x1} \\ Q_{y1} \\ Q_{z1} \end{bmatrix} = \begin{bmatrix} C_{x1}qS \\ C_{y1}qS \\ C_{z1}qS \end{bmatrix} \qquad (2-11)$$

式中　C_{x1} ——轴向力系数；

　　　C_{y1} ——法向力系数；

　　　C_{z1} ——横向力系数。

根据速度坐标系和箭体坐标系转换关系，可将定义在箭体坐标系的气动力投影到速度坐标系中

$$\begin{bmatrix} D \\ L \\ Z \end{bmatrix} = M_{v\to1}^{\mathrm{T}}(\alpha,\beta) \begin{bmatrix} Q_{x1} \\ Q_{y1} \\ Q_{z1} \end{bmatrix} = \begin{bmatrix} \cos\beta\cos\alpha & -\cos\beta\sin\alpha & \sin\beta \\ \sin\alpha & \cos\alpha & 0 \\ -\sin\beta\cos\alpha & \sin\beta\sin\alpha & \cos\beta \end{bmatrix} \begin{bmatrix} Q_{x1} \\ Q_{y1} \\ Q_{z1} \end{bmatrix}$$

$$(2-12)$$

火箭所受重力 G 定义在惯性坐标系 OY 轴负方向上，将其投影到速度坐标系中，其分量为

$$G = \begin{bmatrix} G_{xv} \\ G_{yv} \\ G_{zv} \end{bmatrix} = M_{i\to v}(\gamma_v,\sigma,\theta) \begin{bmatrix} 0 \\ -mg \\ 0 \end{bmatrix}$$

$$= \begin{bmatrix} -mg\sin\theta\cos\sigma \\ -mg\sin\theta\sin\sigma\sin\gamma_v - mg\cos\theta\cos\gamma_v \\ -mg\sin\theta\sin\sigma\cos\gamma_v + mg\cos\theta\sin\gamma_v \end{bmatrix}$$

$$(2-13)$$

只考虑重力项主项，忽略弹道偏角 σ 产生的重力项分量影响，可简化得

$$G = \begin{bmatrix} G_{xv} \\ G_{yv} \\ G_{zv} \end{bmatrix} = \begin{bmatrix} -mg\sin\theta \\ -mg\cos\theta\cos\gamma_v \\ mg\cos\theta\sin\gamma_v \end{bmatrix} \qquad (2-14)$$

　　发动机推力由火箭发动机产生。发动机是将自身携带的推进剂送入燃烧室内进行化学反应（燃烧），由于这些化学反应被限制在容积相当小的燃烧室内，燃气的膨胀导致高压，通过喷管膨胀而加速，产生作用于火箭的反作用力，即推力。

　　根据发动机所携带的推进剂的物理状态，可以分成液体推进剂、固体推进剂和固-液推进剂三种类型。

　　发动机推力 P（P 的标量，此处认为推力方向指向火箭轴线方向）表达式一般为

$$P = P_0 + S_a (p_0 - p_H) \tag{2-15}$$

其中

$$P_0 = P_v - S_a p_0$$

式中　P_0——地面推力（N）；

　　　　P_v——真空推力（N）；

　　　　S_a——发动机尾喷管截面积（m^2）；

　　　　p_H，p_0——空中、地面大气压力（Pa）。

将火箭发动机推力向速度坐标系分解，有

$$\begin{cases} F_{pxc} = P \cos\alpha \cos\beta \\ F_{pyc} = P \cos\beta \sin\alpha \\ F_{pzc} = -P \sin\beta \end{cases} \tag{2-16}$$

　　设 ω_{xv}、ω_{yv}、ω_{zv} 分别为角速度矢量 $\boldsymbol{\omega}_v$ 在速度坐标系 $OX_vY_vZ_v$ 各轴上的分量；V_{xv}、V_{yv}、V_{zv} 分别为速度矢量 $\boldsymbol{V}$ 在 $OX_vY_vZ_v$ 各轴上的分量。

　　根据速度坐标系定义，火箭速度矢量在速度坐标系投影为

$$\boldsymbol{V} = \begin{bmatrix} V_{xv} \\ V_{yv} \\ V_{zv} \end{bmatrix} = \begin{bmatrix} V \\ 0 \\ 0 \end{bmatrix} \tag{2-17}$$

于是

$$\frac{\delta \boldsymbol{V}}{\delta t} = \begin{bmatrix} \dfrac{\delta V_{xv}}{\delta t} \\[2mm] \dfrac{\delta V_{yv}}{\delta t} \\[2mm] \dfrac{\delta V_{zv}}{\delta t} \end{bmatrix} = \begin{bmatrix} \dfrac{\mathrm{d}V}{\mathrm{d}t} \\ 0 \\ 0 \end{bmatrix} \qquad (2-18)$$

将式（2-17）、式（2-18）代入式（2-9），并将合外力投影到速度坐标系中可得

$$\boldsymbol{F}_{合} = \begin{bmatrix} F_{xv} \\ F_{yv} \\ F_{zv} \end{bmatrix} = \begin{bmatrix} D + G_{xv} + F_{pxc} \\ L + G_{yv} + F_{pyc} \\ Z + G_{zv} + F_{pzc} \end{bmatrix}$$

$$= m\left(\begin{bmatrix} 0 & -\boldsymbol{\omega}_{zv} & \boldsymbol{\omega}_{yv} \\ \boldsymbol{\omega}_{zv} & 0 & -\boldsymbol{\omega}_{xv} \\ -\boldsymbol{\omega}_{yv} & \boldsymbol{\omega}_{xv} & 0 \end{bmatrix} \begin{bmatrix} V \\ 0 \\ 0 \end{bmatrix} + \begin{bmatrix} \dfrac{\mathrm{d}V}{\mathrm{d}t} \\ 0 \\ 0 \end{bmatrix} \right)$$

$$= \begin{bmatrix} m\dfrac{\mathrm{d}V}{\mathrm{d}t} \\[2mm] mV\boldsymbol{\omega}_{zv} \\[2mm] -mV\boldsymbol{\omega}_{yv} \end{bmatrix}$$

$$(2-19)$$

根据惯性坐标系与速度坐标系转换关系得

$$\boldsymbol{\omega}_v = \dot{\boldsymbol{\theta}} + \dot{\boldsymbol{\sigma}} + \dot{\boldsymbol{\gamma}}_v \qquad (2-20)$$

$$\begin{bmatrix} \boldsymbol{\omega}_{xv} \\ \boldsymbol{\omega}_{yv} \\ \boldsymbol{\omega}_{zv} \end{bmatrix} = \boldsymbol{M}_x(\boldsymbol{\gamma}_v)\boldsymbol{M}_y(\sigma)\begin{bmatrix} 0 \\ 0 \\ \dot{\theta} \end{bmatrix} + \boldsymbol{M}_x(\boldsymbol{\gamma}_v)\begin{bmatrix} 0 \\ \dot{\sigma} \\ 0 \end{bmatrix} + \begin{bmatrix} \dot{\gamma}_v \\ 0 \\ 0 \end{bmatrix}$$

$$= \begin{bmatrix} \dot{\gamma}_v - \dot{\theta}\sin\sigma \\ \dot{\sigma}\cos\gamma_v + \dot{\theta}\cos\sigma\sin\gamma_v \\ \dot{\theta}\cos\sigma\cos\gamma_v - \dot{\sigma}\sin\gamma_v \end{bmatrix}$$

$$(2-21)$$

火箭质心运动的动力学方程选取状态量 V、θ、σ，因此将式

（2-21）展开代入式（2-19）中并整理，可得

$$
\begin{cases}
m\dot{V} = F_{xv} \\
mV\dot{\theta}\cos\sigma = F_{yv}\cos\gamma_v - F_{zv}\sin\gamma_v \\
mV\dot{\sigma} = -F_{zv}\cos\gamma_v - F_{yv}\sin\gamma_v
\end{cases}
\tag{2-22}
$$

将式（2-12）、式（2-13）展开代入式（2-22）中，可得火箭在速度坐标系中质心运动的动力学方程组的标量形式

$$
\begin{cases}
m\dot{V} = D - mg\sin\theta + P\cos\alpha\cos\beta \\
mV\dot{\theta}\cos\sigma = (L - mg\cos\theta\cos\gamma_v)\cos\gamma_v - (Z + mg\cos\theta\sin\gamma_v)\sin\gamma_v \\
\qquad\quad = L\cos\gamma_v - Z\sin\gamma_v - mg\cos\theta + P\cos\beta\sin\alpha \\
mV\dot{\sigma} = -(Z + mg\cos\theta\sin\gamma_v)\cos\gamma_v - (L - mg\cos\theta\cos\gamma_v)\sin\gamma_v \\
\qquad\quad = -L\sin\gamma_v - Z\cos\gamma_v - P\sin\beta
\end{cases}
$$

$$
\tag{2-23}
$$

2.3.2　火箭运动学方程

设 x、y、z 是火箭在惯性坐标系的位置坐标，V_x、V_y、V_z 是火箭的速度矢量在惯性坐标系中的三个分量。根据弹道坐标系定义，火箭速度矢量在弹道坐标系（半速度坐标系）投影为

$$
\boldsymbol{V} = \begin{bmatrix} V_{xd} \\ V_{yd} \\ V_{zd} \end{bmatrix} = \begin{bmatrix} V \\ 0 \\ 0 \end{bmatrix}
\tag{2-24}
$$

再将弹道坐标系的火箭速度矢量投影到惯性坐标系中，可得

$$
\begin{bmatrix} V_x \\ V_y \\ V_z \end{bmatrix} = \boldsymbol{M}_{i\to d}(\sigma,\theta)\begin{bmatrix} V_{xd} \\ V_{yd} \\ V_{zd} \end{bmatrix} = \begin{bmatrix} V\cos\theta\cos\sigma \\ V\sin\theta\cos\sigma \\ -V\sin\sigma \end{bmatrix}
\tag{2-25}
$$

选取状态量 x、y、z，于是在惯性坐标系下，火箭质心运动的运动学方程组的标量形式为

$$\begin{cases} \dot{x} = V\cos\theta\cos\sigma \\ \dot{y} = V\sin\theta\cos\sigma \\ \dot{z} = -V\sin\sigma \end{cases} \tag{2-26}$$

2.3.3　火箭绕质心运动的动力学方程

由理论力学知动量矩定理

$$\frac{\mathrm{d}\boldsymbol{H}}{\mathrm{d}t} = \frac{\mathrm{d}}{\mathrm{d}t}(\boldsymbol{r} \times m\boldsymbol{V}) = \boldsymbol{M} \tag{2-27}$$

式中　$\boldsymbol{H}$ ——动量矩矢量；

$\boldsymbol{M}$ ——力矩矢量，包括火箭发动机产生的控制力矩、空气作
用在箭体上产生的气动力矩、干扰力矩等；

$\boldsymbol{r}$ ——力的作用点相对于质心的矢径。

在箭体坐标系下建立力矩平衡方程，由式（2-27）得

$$\frac{\mathrm{d}\boldsymbol{H}}{\mathrm{d}t} = \boldsymbol{\omega}_1 \times \boldsymbol{H} + \frac{\delta\boldsymbol{H}}{\delta t} \tag{2-28}$$

令动坐标系为箭体坐标系，取箭体坐标系相对于惯性坐标系的
动量矩矢量 $\boldsymbol{H}$ 为 $\boldsymbol{H}_1$，箭体坐标系相对于惯性坐标系转动角速度矢量
为 $\boldsymbol{\omega}_1$，由式（2-27）和式（2-28）可得

$$\boldsymbol{M} = \frac{\mathrm{d}\boldsymbol{H}}{\mathrm{d}t} = \boldsymbol{\omega}_1 \times \boldsymbol{H}_1 + \frac{\delta\boldsymbol{H}_1}{\delta t} \tag{2-29}$$

设 M_{x1}、M_{y1}、M_{z1} 分别为力矩矢量 $\boldsymbol{M}$ 投影在箭体坐标系各轴
上的分量；ω_{x1}、ω_{y1}、ω_{z1} 分别为角速度矢量 $\boldsymbol{\omega}_1$ 投影在箭体坐标系
各轴上的分量；H_{x1}、H_{y1}、H_{z1} 分别为动量矩矢量 $\boldsymbol{H}$ 投影在箭体坐
标系各轴上的分量；J_{x1}、J_{y1}、J_{z1} 分别为火箭在箭体坐标系各轴的
主转动惯量，J_{x1y1}、J_{y1z1}、J_{z1x1} 为惯量积。方程（2-29）投影到箭
体坐标系中，可得

$$\begin{bmatrix} M_{x1} \\ M_{y1} \\ M_{z1} \end{bmatrix} = \begin{bmatrix} 0 & -\omega_{z1} & \omega_{y1} \\ \omega_{z1} & 0 & -\omega_{x1} \\ -\omega_{y1} & \omega_{x1} & 0 \end{bmatrix} \begin{bmatrix} H_{x1} \\ H_{y1} \\ H_{z1} \end{bmatrix} + \begin{bmatrix} \delta H_{x1}/\delta t \\ \delta H_{y1}/\delta t \\ \delta H_{z1}/\delta t \end{bmatrix}$$

$$\tag{2-30}$$

其中

$$\boldsymbol{H}_1 = \begin{bmatrix} H_{x1} \\ H_{y1} \\ H_{z1} \end{bmatrix} = \begin{bmatrix} J_{x1} & -J_{x1y1} & -J_{z1x1} \\ -J_{x1y1} & J_{y1} & -J_{y1z1} \\ -J_{z1x1} & -J_{y1z1} & J_{z1} \end{bmatrix} \begin{bmatrix} \omega_{x1} \\ \omega_{y1} \\ \omega_{z1} \end{bmatrix} \quad (2-31)$$

运载火箭是轴对称的，因此惯量积 J_{y1z1}、J_{x1z1}、J_{x1y1} 认为是零，于是可以简化得到

$$\begin{bmatrix} H_{x1} \\ H_{y1} \\ H_{z1} \end{bmatrix} = \begin{bmatrix} J_{x1}\omega_{x1} \\ J_{y1}\omega_{y1} \\ J_{z1}\omega_{z1} \end{bmatrix} \quad (2-32)$$

将式（2-32）代入式（2-30）中展开，可以得到

$$\begin{cases} M_{x1} = J_{x1}\dot{\omega}_{x1} + (J_{z1} - J_{y1})\omega_{y1}\omega_{z1} \\ M_{y1} = J_{y1}\dot{\omega}_{y1} + (J_{x1} - J_{z1})\omega_{x1}\omega_{z1} \\ M_{z1} = J_{z1}\dot{\omega}_{z1} + (J_{y1} - J_{x1})\omega_{x1}\omega_{y1} \end{cases} \quad (2-33)$$

选取状态量 ω_{x1}、ω_{y1}、ω_{z1}，将式（2-33）进一步整理，可以得到在箭体坐标系下，火箭绕质心运动的动力学方程组标量形式

$$\begin{cases} \dot{\omega}_{x1} = \dfrac{J_{y1}M_{x1}}{J_{x1}J_{y1} - J_{x1y1}^2} + \dfrac{(J_{y1}^2 - J_{y1}J_{z1})}{J_{x1}J_{y1} - J_{x1y1}^2}\omega_{y1}\omega_{z1} \\[3mm] \dot{\omega}_{y1} = \dfrac{J_{x1}M_{y1}}{J_{x1}J_{y1} - J_{x1y1}^2} + \dfrac{(J_{x1}J_{z1} - J_{x1}^2)}{J_{x1}J_{y1} - J_{x1y1}^2}\omega_{x1}\omega_{z1} \\[3mm] \dot{\omega}_{z1} = \dfrac{M_{z1}}{J_{z1}} + \dfrac{(J_{x1} - J_{y1})}{J_{z1}}\omega_{x1}\omega_{y1} \end{cases} \quad (2-34)$$

气动力矩在箭体坐标系下的分量 M_{qx1}、M_{qy1}、M_{qz1} 的表达式如下

$$\begin{cases} M_{qx1} = C_{mx}qSl \\ M_{qy1} = C_{my}qSl \\ M_{qz1} = C_{mz}qSl \end{cases} \quad (2-35)$$

式中　l ——火箭的特征长度；

　　　C_{mx}，C_{my}，C_{mz} ——滚转力矩系数、偏航力矩系数、俯仰力矩系数，它们是关于高度、马赫数、攻角、侧滑角、舵偏角的非线性函数。

火箭发动机产生的控制力矩由发动机的种类和动力配置情况决定，干扰力矩则应综合考虑结构干扰、风干扰等箭体内部结构和外界环境干扰。

2.3.4　火箭绕质心运动的运动学方程

由速度坐标系与箭体坐标系转换关系得

$$\boldsymbol{\omega}_1 = \boldsymbol{\omega}_v + \dot{\boldsymbol{\alpha}} + \dot{\boldsymbol{\beta}} \qquad (2-36)$$

将上式投影到速度坐标系中

$$\boldsymbol{M}_{v\to1}^{\mathrm{T}}(\alpha,\beta)\begin{bmatrix}\omega_{x1}\\\omega_{y1}\\\omega_{z1}\end{bmatrix}=\begin{bmatrix}\omega_{xv}\\\omega_{yv}\\\omega_{zv}\end{bmatrix}+\boldsymbol{M}_z^{\mathrm{T}}(\beta)\begin{bmatrix}0\\0\\\dot{\alpha}\end{bmatrix}+\begin{bmatrix}0\\\dot{\beta}\\0\end{bmatrix}\qquad(2-37)$$

整理可得

$$\begin{bmatrix}\omega_{xv}\\\omega_{yv}\\\omega_{zv}\end{bmatrix}=\begin{bmatrix}\cos\beta\cos\alpha & -\cos\beta\sin\alpha & \sin\beta\\\sin\alpha & \cos\alpha & 0\\-\sin\beta\cos\alpha & \sin\beta\sin\alpha & \cos\beta\end{bmatrix}\begin{bmatrix}\omega_{x1}\\\omega_{y1}\\\omega_{z1}\end{bmatrix}-$$

$$\begin{bmatrix}\cos\beta & 0 & \sin\beta\\0 & 1 & 0\\-\sin\beta & 0 & \cos\beta\end{bmatrix}\begin{bmatrix}0\\0\\\dot{\alpha}\end{bmatrix}-\begin{bmatrix}0\\\dot{\beta}\\0\end{bmatrix}$$

$$(2-38)$$

将式（2-38）代入式（2-21），并将方程组（2-22）中第二、第三个方程左端整理为 $\dot{\theta}$、$\dot{\sigma}$ 的形式代入式（2-21），进一步整理可得到，在速度坐标系下，火箭绕质心运动的运动学方程组标量形式

$$\begin{cases}\dot{\alpha}=-\cos\alpha\tan\beta\omega_{x1}+\sin\alpha\tan\beta\omega_{y1}+\omega_{z1}-\dfrac{L-mg\cos\theta\cos\gamma_v}{mV\cos\beta}\\[3mm]\dot{\beta}=\sin\alpha\omega_{x1}+\cos\alpha\omega_{y1}+\dfrac{Z+mg\cos\theta\sin\gamma_v}{mV}\\[3mm]\dot{\gamma}_v=\dfrac{\cos\alpha}{\cos\beta}\omega_{x1}-\dfrac{\sin\alpha}{\cos\beta}\omega_{y1}+\dfrac{L\tan\beta-mg\cos\theta\cos\gamma_v\tan\beta}{mV}\end{cases}$$

$$(2-39)$$

2.4　运载火箭常用控制方法

　　在研究运载火箭控制系统设计方法之前，首先对控制对象进行稳定性分析。对飞行器运动稳定性分析的传统方法是在小扰动假设下，用干扰运动方程的一次近似方程进行线性化，然后加以讨论，一般认为所得到的结论也能表示非线性微分方程的稳定特性。而线性化后得到的运动方程一般是变系数微分方程，而且有的系数变化还很剧烈，所以只靠线性化方法还不能完全解决对系统稳定性分析的问题。目前主要的解决方法是采用固化系数法，也称系数冻结法。该方法的实质是在系统工作的整个时间段内，选取一些能够代表当前时刻系统性能的时间点，然后在这些时间点附近把系统方程当作常系数线性微分方程来研究。如果在选取的每一个时间点处方程的零解都是稳定的，则称整个系统在未受干扰情况下是稳定的。有文献指出，固化系数法在大部分情况下是有效的，只有在一些特殊情况下才会失效。对于系统稳定性的分析，目前主要还是采用经典控制理论中的频域分析方法。

　　由于传统火箭姿态动力学模型是在小偏差假设下，通过一定的线性化方法得到的，因此姿控系统设计方法主要是基于"小扰动线性化"的增益预置法：首先在运载火箭的整个飞行过程中选取具有代表性的时间点，称为特征点；然后在特征点上应用固化系数法，将系统动力学模型转换为线性时不变模型；在此基础上一般采用经典控制理论中的频域分析方法进行姿控系统分析和控制器设计；在设计出特征点的控制器参数后，通过插值的方法得到其他时刻的增益参数。控制器的设计一般首先对刚体模型进行反馈增益的设计，然后考虑弹性振动及液体晃动对姿控系统的影响，设计校正网络，并调整控制器参数。对线性时不变模型的定点控制器设计主要基于经典控制理论中的 Bode 图、Nyquist 图、Nichols 图等工具进行设计。这种方法可操作性强，但设计效率严重依赖设计者的经验，同时存在许多难以克服的缺点。

各种新兴的控制理论，如鲁棒控制理论和智能控制理论等，被应用到火箭的姿控系统设计中，用以改进增益预置法的控制性能。Clement 等[2-5]用参数化的方法对增益预置法进行了改进，改善了传统方法的不足；Palm 等[6]设计了 T - S 模糊控制器，改善了增益预置法的控制性能；Voinot 等[7]在传统增益预置法的基础上，采用线性变参数设计技术，有效解决了固化系数法中非特征点处控制器参数只能靠插值的缺点，同时考虑到箭体弹性模态及其他时域方面的指标，提出了弹性箭体的姿态稳定与控制方法；周锐等[8]将模糊控制理论和鲁棒控制理论相结合，提出了一种模糊参数化的控制系统设计方法。以上文献本质上还是对传统的姿态控制方法的继承和改进，控制器基本结构没有发生变化。我国各种系列运载火箭在几十年的发展历程中，也对传统控制系统设计方法积累了丰富的经验。

随着控制理论的发展，增益预置法之外的各种先进控制理论也被应用到运载火箭的姿态控制系统设计中，如自适应控制理论、变结构控制理论、H∞方法、结构奇异值方法、反馈线性化方法等。滑动模态变结构控制是一种非线性控制理论，其对具有不确定因素的控制对象具有较强的鲁棒性。相对于其他非线性控制，滑动模态变结构控制的分析和设计方法比较简单，比较适合执行机构能够快速切换的系统。针对火箭飞行过程中弹体参数变化范围较大的问题，自适应控制理论也逐渐被应用于控制系统设计中，其对控制对象参数变化问题具有良好的适应性，而且可以有效抑制弹体振动对控制系统的影响。不少文献采用现代控制理论对运载火箭的控制系统进行了设计：Dhekane 等[9]为运载火箭设计了自适应控制系统，克服了时变模型的不确定性；周如好等[10]从实际的工程出发，将模糊控制技术应用到运载火箭的姿态控制系统设计中，提高了系统对内外干扰的鲁棒性；甘永梅等[11]利用混合灵敏 H∞控制技术对某大型捆绑火箭进行姿态控制器的设计，使系统具有良好的参数鲁棒性；杨泽生等[12]设计了变结构自适应姿态控制器，提高了运载火箭控制系统的稳定性；姚红利用自适应滤波方法抑制了弹性振动对姿态控制系统的影响。实际运载火箭会受到各种内外因素的干扰，加大了姿态控制系统的设计难度。因此，工程中对姿控系统设计方法进行选择主要基于该方法是否容易掌握、控制器设计是否过于复杂、控制系统的性能是否满足实际要求等指标。

2.5　运载火箭控制系统主要组成和功能

运载火箭控制系统包括箭上系统和地面系统，箭上系统称为飞行控制系统，地面系统称为测试发射控制系统。飞行控制系统通过惯性测量装置、中间装置、执行机构、时序配电装置和飞行控制软件，完成运载火箭运动状态参量测算；根据确定的飞行状态参量产生制导信号，使运载火箭靠近预定轨道飞行，达到期望最佳终端条件时关闭发动机，结束主动段飞行；在飞行过程中，根据状态参量及事先规定的程序控制要求产生操纵运载火箭姿态的控制信号，进行姿态控制和保证稳定飞行；产生时序指令，进行信号传输、综合及电信号操纵，实现各部件动作，这就是导航、制导、姿态控制和时序电源配电系统的综合功能。

测试发射控制系统的功能是对飞行控制系统进行参数、功能的地面检测，并操纵运载火箭发射。该系统主要由测试、发射控制、数据处理、显示等硬件和检测、发射操作软件组成。

参 考 文 献

［1］ 哈尔滨工业大学理论力学教研室．理论力学（I）［M］．北京：高等教育出版社，2009．

［2］ Duc G Clement B，Mauffrey S. Aerospace launch vehicle control：a gain scheduling approach［J］. Control Engineering Practice，2005，13（3）：333‑347.

［3］ Khargonekar P P，Schumacher C. Missile autopilot designs using H∞ control with gain scheduling and dynamic inversion［J］. Journal of Guidance，Control and Dynamics，1998，21（2）：234‑243.

［4］ Duc G Theodoulis S. Missile autopilot design：gain‑scheduling and the gap metric［J］. Journal of Guidance，Control and Dynamics，2009，32（3）：986‑996.

［5］ Shamma J S，Rugh W J. Research on gain scheduling［J］. Automatica，2000，36（10）：1401‑1425.

［6］ Stutz C，Palm R. Open loop dynamic trajectory generator for a fuzzy gain scheduler［J］. Engineering Application of Artificial Intelligence，2003，16（3）：213‑225.

［7］ Apkarian P，Voinot O，Alazard D. Gain‑Scheduling H∞ Control of the Launcher in Atmospheric Flight via Linear‑Parameter Varying Techniques［A］. In. AIAA Guidance，Navigation，and Control Conference［C］. California，2002.

［8］ 魏晨，周锐，张鹏，等．导弹模糊增益调参鲁棒飞控系统设计［J］. 宇航学报，2005，26（4）：431‑435.

［9］ Lalithambika V R，Dhekane M V，DasguptaD S，Suresh D B N. Modeling of control/structure interaction in launch vehicle‑a flight experience［J］. AIAA‑99‑4132，1999：933‑940.

［10］ 周如好，唐国金．模糊控制技术在运载火箭姿态控制中的应用［J］. 上

海航天，2005（2）：6 - 10.

[11]　甘永梅，周凤岐. 运载火箭姿态控制系统的鲁棒控制与设计 [J]. 弹箭
　　　与制导学报，1999（2）：2 - 9.

[12]　杨泽生，徐延万. 变结构自适应控制理论在运载火箭姿控系统设计中的
　　　应用 [J]. 航天控制，1997（4）：9 - 16.

第 3 章　运载火箭智能辨识

3.1　引言

　　航天系统是一个极其复杂的系统，它由上万个、甚至几百万个零部件组成，提高航天系统的可靠性，一方面是通过改进设计方案、提高工艺制造水平、研究并采用新技术和新材料，以提高系统的基本可靠性；另一方面则是研究并采用先进的运载火箭故障智能诊断辨识系统。前者可以防患于未然，后者可以在运行过程中进行实时的监控。目前，运载火箭高可靠性一般通过软硬件的高可靠性和冗余来保证。但是，由于环境的复杂性以及运载火箭测试的局限性，仍然会出现运载火箭运行异常或系统故障问题。

　　运载火箭系统的故障智能诊断辨识技术是传感器技术、发动机技术和人工智能、自动控制等相结合的产物。虽然研制和使用故障智能诊断辨识系统会导致发射费用的一定增加、有效载荷的减少和系统复杂度的增大，并且还要受到故障智能诊断辨识系统本身可靠性和误报警率、漏报警率的影响，但从整体上来讲，采用故障智能诊断辨识系统对于提高航天运载系统的安全性、可靠性、可用性和经济性具有重大的意义，其有利价值远远大于它带来的一些负面影响。因此，近年来世界各航天技术大国对运载火箭故障智能诊断辨识系统的研究都极为重视，在研制运载火箭的过程中，都同步开发故障智能诊断辨识系统。故障智能诊断辨识系统现已成为运载火箭研制和运行中不可缺少的一个子系统。本章主要介绍一些典型的故障模式以及智能辨识方法。

3.2 智能辨识技术发展历程

提高运载火箭的运行可靠性是航天系统工程的关键环节。提高运载火箭可靠性，可以通过改进设计方案、提高工艺水平、研究并采用新技术和新材料来实现，也可以通过采用先进的健康监控系统实时监控运行过程来实现。火箭健康监控技术是计算机技术、自动控制理论、数理统计、人工智能、传感器技术和飞行器总体技术相结合的产物，它主要包括运载火箭故障模式分析方法、故障检测与诊断技术、系统异常状态的控制技术等，它对提高运载火箭可操作性、可靠性、安全性以及降低发射费用方面有着非常重要的作用[1]。

运载火箭故障智能诊断辨识系统包括故障检测、故障隔离、故障定位等内容。其目标是提高运载火箭的安全性、高效性、可维护性和可靠性。美国与苏联对地面试车状态监控与故障诊断系统的研制几乎与大型液体火箭的研制同步，但是到了 20 世纪 70 年代初，随着航天飞机主发动机（Space Shuttle Main Engine，SSME）的研制性试验才开始系统化的立项研究，并在 80 年代中期进入研究的高峰期，至今已有多个系统投入使用或试运行[2]。主要包括红线参数系统（Redline）、异常和故障检测系统（System for Anomaly and Failure Detection，SAFD）、健康监控系统（Health Monitoring System，HMS）、火箭发动机健康管理系统（Health Management System for Rocket Engine，HMSRE）、集成飞行器健康管理系统（Integrated Vehicle Health Management System，IVHMS）、试验后检测-诊断系统（Post-Test Diagnostic System，PTDS）、智能控制系统（Intelligent Control System，ICS）、飞行加速度计安全关机系统（Flight Accelerometer Safety Cut-off System，FASCOS）、发动机健康管理系统（Engine Health Management System，EHMS）、实时涡轮发动机诊断系统（Real-Time Turbine Engine

Diagnostic System，RTTEDS)、智能集成飞行器健康管理系统（Intelligent Integrated Vehicle Management System，IIVMS)等。

20世纪70年代研制成功的航天飞机主发动机SSME采用了工作参数红线阈值检测与报警的方法[3]。20世纪80年代中期，由美国洛克达因公司研制并实现了用于SSME地面试车监控的异常和故障检测系统，加强了红线阈值监控的检测能力。20世纪80年代末期以来又相继提出了健康监控系统、火箭发动机健康管理系统、智能控制系统等多种系统框架或方案，并在故障模式、故障检测与诊断算法、故障控制措施、专用传感器技术等方面进行了大量的研究工作，现已有多个系统投入实际使用或试运行。如用于地面试车故障检测的SAFD、FASCOS（Flight Acceleration Safety Cutoff System)等，用于事后分析的EDIS（Engine Data Interpretation System)、PTDS（Post Test Diagnostic System)、APDS（Automated Propulsion Data Screening)等[4]。总之，健康监控系统是从简单的单一参数的红线关机系统，发展到如今的多参数加权组合的一体化分析系统来提高故障诊断的灵敏度和稳定性，健康监控系统的功能越来越全面、越来越强大。从近期发展的情况来看，随着故障检测和诊断算法的不断改进与完善，运载火箭健康监控技术的重点发展方向将是技术的实用化。

故障诊断是火箭测试的一项重要工作，目前仍需要有经验的专职技术人员来完成。我国航天单位在很早就开展了关于自动或智能化的故障诊断技术研究，但其实用效果并不理想。目前，为了降低发射服务费用，我国正在论证远程发射支持系统，智能化的故障诊断技术又被提及。

我国在运载火箭故障诊断与智能辨识领域的工作始于20世纪90年代初，主要研究单位有国内相关大学和某些研究所等，针对我国长征运载火箭，开展了发动机故障模式分析、故障仿真、故障检测算法、故障诊断方法、地面试车故障检测系统等方面的研究工作。我国运载火箭的健康监控与故障诊断工作近年来取得了长足的进步，但是在液体火箭发动机试车中仍采用单参数的红线监控方法，不时有误关机或危险事故发生。自 1990 年以来，国防科技大学、北京航空航天大学、中国航天科技集团有限公司六院等单位针对我国大型火箭推进系统的健康监控和故障诊断技术进行了大量的研究工作。国防科技大学以 YF-75 发动机为对象研制的液体火箭发动机实时故障检测与报警系统（Real-Time Fault Detection and Alarm System，RTFDAS），可在地面试车过程当中进行实时监控和故障检测。中国航天科技集团有限公司某研究院对载人运载火箭长征二号 F 成功研制的健康监控与故障诊断系统，能够确定火箭的故障，并可以对是否实施航天员的逃逸救生进行自主决策。针对 YF-75 发动机，北京航空航天大学与中国航天科技集团有限公司第十一研究所（北京）联合研制了状态监控与故障诊断工程应用系统。

近年来，我国在应用灰色理论、神经网络、时序分析、模糊数学、专家系统、故障树分析方法及遗传进化理论等技术进行故障检测与诊断算法的研究方面取得了一些重要的成果[5]。但是这些进步主要集中在理论研究方面，在实际工程应用中取得的突破还不多，如何将已有的理论成果与工程应用很好地结合起来是我们当前所必须解决的实际问题。

3.3　典型故障模式

3.3.1　发动机故障

发动机是火箭飞行的动力来源，发动机故障将导致火箭推力部分或完全损失，是导致运载火箭发射任务失败的重要原因。以氢氧液体火箭发动机为例，典型故障模式如下[6]。

（1）推力室

1）烧蚀；

2）来流管路堵塞、泄漏，都表现为推力室自身故障。

（2）氧涡轮

1）涡轮叶片疲劳、断裂等，密封失效，如泄漏；

2）氧泵故障，如氧泵转动部件泵体摩擦；

3）来流燃气不正常，如发生堵塞、泄漏等。

（3）氢涡轮

1）涡轮叶片疲劳、断裂等，密封失效，如泄漏；

2）氢泵故障，如氢泵转动部件泵体摩擦；

3）来流燃气不正常，如发生堵塞、泄漏或燃气发生器发生故障等。

（4）燃气发生器

1）爆炸，泄漏；

2）下游管路堵塞、泄漏，氢涡轮故障；

3）氢、氧路来流故障，如氢、氧泵出口压力不正常，管路堵塞、泄漏。

（5）氧泵

1）叶片腐蚀、脱落引起泵效率下降；

2）下游管路堵塞与泄漏；

3）氧涡轮故障，转速不正常。

（6）氢泵

1）叶片腐蚀、脱落引起泵效率下降；

2）下游管路堵塞与泄漏；

3）氢涡轮故障，转速不正常。

3.3.2　姿态控制发动机系统故障

3.3.2.1　姿态控制发动机系统工作原理

姿态控制发动机提供火箭飞行过程中各个通道的姿态控制以及推进剂管理。图 3-1 为运载火箭典型姿态控制发动机系统工作原理图[7]。该姿态控制发动机采用挤压式推进剂供应系统、单组元肼分解发动机。全系统由 12 台不同推力的分机组成，每台分机由电磁阀和推力室组合而成，为脉冲工作方式。该姿态控制发动机系统12台分机中，有2台用于火箭俯仰通道控制，推力为70 N；2台用于偏航通道控制，推力为70 N，4台用于滚动通道控制，推力为40 N。其余4台分2组用于火箭第三子级的推进剂管理，保证火箭在轨滑行段推进剂沉底，推力分别为300 N和40 N。火箭飞行过程中，姿态控制发动机受控于火箭的控制系统。整个系统由5个部分组成，即：

1）气路系统：包括充气手动阀门、气瓶、电爆阀门、减压器、导管等；

2）液路系统：包括贮箱、破裂膜片、节流组件、过滤器、导管等；

3）推力室：包括12台单组元肼分解推力室、12个电磁阀；

4）温控系统：包括贮箱加温器、组件加温器、导管加温器、温度传感器等；

5）电缆：包括控制电缆、加温器电缆和遥测系统电缆等。

3.3.2.2　姿态控制发动机典型故障

姿态控制发动机各组成单元互相依赖，只有当所有单元都正常工作时，发动机才能正常工作，否则只要有一个单元出现故障，就会造成发动机非正常工作。造成发动机故障有多方面因素，如结构、材料、系统性能等。根据对于姿态控制发动机的分析，可以得出姿态控制发动机由气路系统、液路系统、电缆系统、贮箱温控系统组成。这样，姿态控制发动机的故障树，由气路系统，液路系统，电缆系统，贮箱温控系统的故障树组成。

3.3.3　贮箱故障

贮箱是运载火箭主要组成部分，主要用于燃料和氧化剂贮存以及传递载荷，工作环境恶劣。现阶段对运载火箭贮箱的故障源检测的方法较少，由于火箭贮箱属于小样本结构，常规的基于大数据的故障监控手段不适用。

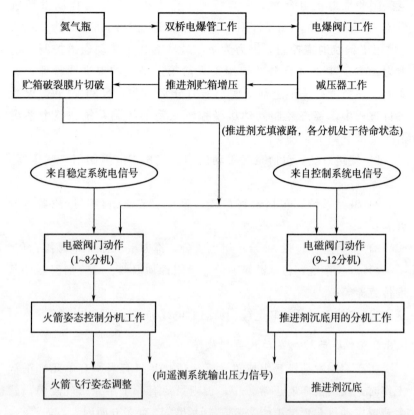

图 3-1　典型姿态控制发动机系统工作原理图

　　运载火箭贮箱一般为空心、薄壁圆柱体结构，由箱底、圆筒段壳体、短壳等焊接装配而成，典型的贮箱结构组成及制造流程示意图如图 3-2 所示[8]。贮箱制造是一个多工序制造过程，从零件成形、部组件焊接装配到最后箱体总装，涉及众多的工艺参数，制造过程中的故障源主要涉及**整体**结构和零部组件之间的偏差关联关系、制造过程中工艺参数等因素，几何精度和关键性能参数是故障溯源的基础。

　　针对贮箱结构制造过程中实际测量的几何参数梳理贮箱制造过程的故障模式，建立故障模式库，为故障溯源提供指导。分析贮箱

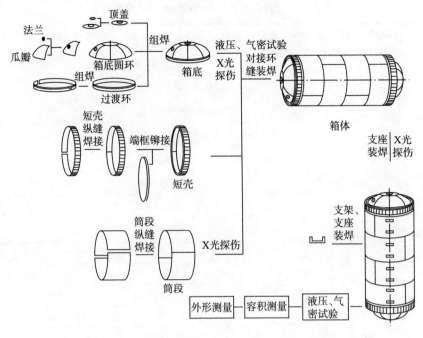

图 3-2　典型的贮箱结构组成及制造流程示意图

制造的工艺流程，开展各零部件加工工艺的 FMEA，分析其故障模式、严酷等级、发生概率等，根据经验定性给出影响几何参数精度的因素及其对几何参数精度的影响程度，并进行星级评价，为故障源的进一步定量溯源提供指导。以贮箱箱底圆环制造为例，梳理制造过程的故障源。贮箱箱底圆环一般由 6～8 块瓜瓣零件焊接装配而成，瓜瓣零件一般采用拉深成形，焊接采用熔焊焊接工艺，按各零部件制造工艺梳理故障模式，表 3-1 为贮箱箱底圆环制造的故障模式分析结果。

表 3 - 1　　贮箱箱底圆环制造的故障模式分析结果

零部组件名称	几何参数	工艺参数控制要素	重要程度
箱底圆环组件	圆度（上下端）	待焊产品间的装配间隙	☆☆☆☆☆
		待焊产品间的装配错边	☆☆☆
		装配对中度	☆☆
		焊接电流过大与速度过小	☆☆☆☆
	母线轮廓度	工装精度	☆☆☆☆
		焊接电流过大与速度过小	☆☆☆☆
		待焊产品间的装配间隙	☆☆☆☆
		瓜瓣尺寸精度	☆☆☆☆☆
瓜瓣	型面问题	压边力	☆☆☆☆☆
		拉深力	☆☆☆☆
		拉深行程	☆☆☆
		拉深速度	☆☆
		坯料尺寸	☆☆☆☆
	壁厚均匀性	原材料同板差	☆☆☆☆
		压边力	☆☆☆☆
		拉深行程	☆☆☆
		拉深速度	☆☆

3.3.4　陀螺仪故障

　　陀螺仪是运载火箭重要传感器，用于精确地测量箭体的姿态角、航向角和角速度等飞行参数。陀螺仪种类很多，有以经典力学为基础的传统惯性陀螺仪，如刚体转子陀螺仪、液浮陀螺仪、挠性陀螺仪等传统陀螺仪；有以非经典力学为基础的现代陀螺仪，如激光陀螺仪、光纤陀螺仪、压电晶体陀螺仪等。其中，速率陀螺是测量姿态变化速度的陀螺仪，以速率陀螺为例，一般情况下，速率陀螺故障主要可以分为以下几类[9]：

　　1）完全故障，这是一种灾难性的故障，指的是陀螺在某一时刻停止工作，输出信号一直为零或常值；

　　2）偏置故障，是指陀螺的输出值带有常数偏差；

　　3）漂移故障，这是陀螺仪最常见的故障之一，故障由陀螺仪内部温度变化等原因引起某些参数变化所致，并且陀螺仪随时间的推移，附加的误差越来越大；

　　4）周期干扰故障，是指陀螺仪输出值带有周期性的数值。

3.3.5　伺服机构故障

3.3.5.1　伺服机构组成

　　伺服机构用于控制发动机推力线方向，从而实现各子级箭体姿态稳定控制和方向驾驶控制。以一级伺服机构为例，作为运载火箭第一子级控制系统的执行机构，它由能源部分和伺服作动器部分组成。能源部分主要组件有主油泵组件、电动泵、阀门组件和油过滤组件等。伺服作动器部分主要组件有作动筒组件、伺服阀、压差传感器、阀入口传感器、头部壳体和旁通阀组件等。

　　在火箭飞行中，该种伺服机构主油泵是由发动机涡轮驱动的。主油泵工作后，泵的吸油管经低压金属软管、低压自封接头、活门组件、头部壳体内的低压管道从油箱中吸油，并经泵的排油嘴排出高压油。高压油通过高压金属软管、高压半自封接头、活门组件、头部壳体的高压管道分两路分别进入蓄压器油腔和伺服阀入口。火箭飞行中，控制系统发出的指令电压经综合放大器变换为控制电流，作用于伺服阀力矩马达线圈上。伺服阀挡板根据控制电流的大小和方向相应顺时针或逆时针转动一个角度，造成两个喷嘴腔压力的差别。此压差作用于四通滑阀上并使其产生相应的移动，打开了阀入口高压油通往作动筒某一腔的窗口，同时又打开了作动筒另一腔与回油孔的窗口。在阀芯移动时，小球卡在阀芯中间环形槽内的力反馈杆就带动挡板回到中位，两个喷嘴腔的压力恢复平衡，作用在阀芯两端的压力差消失，矩形窗口就保持与综合放大器输出电流幅值相应的开度，伺服阀输出的流量和作动器活塞杆移动的速度与控制电流的幅值和极性相对应。伺服机构活塞杆的位移输出跟随控制系统指令电压变化，火箭发动机推力室在伺服机构活塞杆的作动下摆动。高压安全活门起安全保险作用，防止由于某种原因而造成系统压力过高，工作时高压安全活门开启向低压泄油。

3.3.5.2　伺服机构故障

根据伺服机构工作原理，常见的几种功能性故障有：伺服机构通电后系统不建压；伺服机构通电后，活塞杆不闭合，伸或缩到头；伺服机构通电后闭合在中位但信号加不进；通电后，伺服机构反应迟钝；伺服机构零偏大了许多；伺服机构出现抖动或自激振荡等。图 3-3 和图 3-4 给出以伺服机构通电后系统不建压和伺服机构通电后活塞杆不闭合，伸或缩到头为根节点的故障树[10]。

3.4　状态辨识

系统状态辨识是利用测试或试验数据来对系统进行数学建模的过程。Ljung 教授[11]在 1978 年给出了系统辨识的定义"辨识有三个要素——数据，模型类和准则。辨识即是依据一个准则在一组模型类中选择一个与数据拟合得最好的模型。"由该定义，系统辨识流程可分为试验设计、模型阶次/结构辨识、模型参数辨识、辨识准度评价四个步骤。

自 20 世纪 60 年代以来，随着滤波、预测和估计理论的发展，基于统计学规律的时域辨识方法逐步发展成熟，输出误差方法、极大似然估计方法、卡尔曼滤波方法等在系统辨识中广泛应用。同时，学者们研究了相应算法的频域表示，推导了频域估计的极大似然法和输出误差法等以用于频域辨识，从而将时域辨识方法推广到了频域，系统辨识的广度进一步扩大。

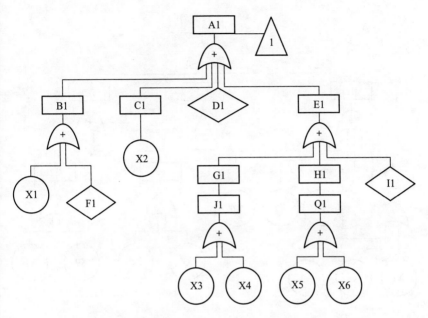

事件代号	事件名称	事件代号	事件名称	事件代号	事件名称
A1	伺服机构通电后系统不建压	G1	油箱未达压	X2	油路中混入较多空气
B1	中频电机工作不正常	H1	蓄压器未达压	X3	油箱、活塞密封圈发生滚动
C1	小油泵气蚀	I1	蓄压器和油箱连通性诱发故障	X4	油箱、活塞密封圈破损
D1	单向活门阻塞性故障	J1	油箱排气孔喷油喷气	X5	蓄压器密封圈、增压杆密封圈发生滚动
E1	蓄压器工作不正常	Q1	蓄压器排气孔喷油喷气	X6	蓄压器密封圈、增压杆密封圈磨损严重
F1	电路故障	X1	中频电机相序接反		

图 3 - 3　伺服机构通电后系统不建压故障树

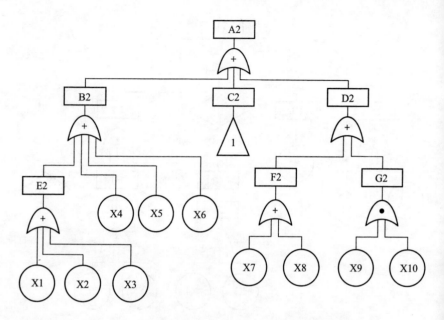

事件代号	事件名称	事件代号	事件名称	事件代号	事件名称
A2	活塞杆不闭合，伸或缩到头	G2	零位条件失常	X6	恒节孔堵塞
B2	伺服阀无指令性动作	X1	力矩马达引线断了	X7	未加反馈电压
C2	伺服机构通电后系统不建压	X2	焊点虚焊故障	X8	反馈引线断了
D2	作动筒无机械动作	X3	焊点脱焊	X9	放气活门失灵
E2	力矩马达不工作	X4	伺服阀门阀芯卡死	X10	旁通阀故障
F2	反馈电位计失灵	X5	喷嘴堵死		

图 3-4 活塞杆不闭合，伸或缩到头故障树

国外对飞行器系统辨识的研究已有几十年，广泛应用于实际的飞行试验中。美国海空研制中心采用建模前估计方法研究了飞机的参数辨识问题[12]。德国宇航中心（DLR）飞行力学研究所，从 20 世纪 70

年代开始对飞机系统辨识进行了广泛的研究，发展了方程误差法，提出了广为人知的 3-2-1-1 激励信号作为多阶控制输入[13]。NASA 兰利研究中心的 Klein 教授提出了频域极大似然法在飞行器参数辨识中的应用，DLR 的科研人员进一步发展，并应用在许多飞行器研究项目上，包括 X-31 固定翼飞机和 BO105 直升机[14]。20 世纪 90 年代，美国军方航空飞行力学理事会（埃姆斯研究中心）的 Mark B. Tischler 教授及其团队开发的频域辨识算法 CIFER[15]用得较为广泛，并已应用到一些实际飞行试验中，取得良好的效果。

针对在线裕度辨识问题，学者们进行了广泛的探索。Dwight L. Balough 应用 RTSM（Real Time Stability Margin）方法，对 X-36 飞机进行充分扫频激励，采用傅里叶变换（FFT）得到飞行器在不同状态点的稳定裕度，并将 SISO 系统的稳定裕度拓展到 MIMO 系统[16]。Colin R. Theodore 等应用频域辨识方法和辨识软件 CIFER，对无人飞行器的稳定裕度进行辨识[17,18]。NASA 德莱顿飞行研究中心的 John T. Bosworth 和 Susan J. Stachowiak 进行了实时稳定裕度辨识，并将其应用在 X-38 的鲁棒性分析上，其采用的 RFT（Recursive Fourier Transformation）方法能有效节省计算时间[19]。Ethan Baumann 提出了一种裁剪激励的方法，节省了激励时间，可用于对 X-43A 飞行器的稳定裕度测量[20]。NASA 兰利研究中心的 Morelli 在频域辨识和实时频响估计上做了大量研究工作，其中文献［21］中提出的基于递推最小二乘的频率响应实时估计的非参数化方法可快速计算输入输出序列的傅里叶各系数，确保了算法的实时性。

针对在线辨识问题，房建成院士研究了基于 UKF 的小型无人飞行器模型参数的在线辨识方法，仿真飞行试验表明此方法能够适用于气动导数参数的在线辨识[22]。鲁兴举等研究了基于递推傅里叶变换的飞行器参数在线辨识方法，为进行实际在线辨识试验提供了参考依据[23]。余舜京等研究了增广扩展卡尔曼滤波方法并用于在线辨识，克服了一般增广扩展卡尔曼滤波方法在参数快变时估计精度较差的问题，实现了对再入体跨声速区的气动参数在线辨识[24]。

3.4.1　线性气动力辨识模型

本节研究对象为气动系数的辨识，暂不考虑发动机推力作用，仅考虑气动力、气动力矩对箭体的影响，则 $M_{x1}=M_{qx1}$、$M_{y1}=M_{qy1}$、$M_{z1}=M_{qz1}$。

在真实情况下，任何一个气动系数和各种飞行状态参数之间都是一个复杂的非线性关系

$$C=f(\alpha,\beta,M,h,p,q,r,\delta_a,\delta_e,\delta_r,\cdots) \tag{3-1}$$
$$=f(x_1,x_2,\cdots,x_n)$$

然而可以在任意一个状态点附近，根据泰勒公式将复杂的非线性表达式展开

$$f=f_0+\frac{\partial f}{\partial x_1}(x_1-x_{10})+\frac{\partial f}{\partial x_2}(x_2-x_{20})+\cdots+\frac{\partial f}{\partial x_n}(x_n-x_{n0})+\cdots \tag{3-2}$$

当研究的状态在基准状态 $(x_{10},x_{20},x_{30}\cdots,x_{n0})$ 附近，可以将泰勒展开的高阶项略去，只保留线性项，故式（3-1）可以写成线性模型的形式

$$f=a_0+a_1x_1+a_2x_2+\cdots+a_nx_n \tag{3-3}$$

线性气动模型是飞行器气动辨识中最常用的模型形式，只要各个状态量在限定的范围内，线性模型还是具备一定精度的。同时线性模型还具有形式简单、计算快捷的特点，因此本项目的研究中就采用了气动线性表达式作为待辨识的气动模型。

3.4.2　气动系数求解

根据动力学方程（2-33），不考虑各通道间交联项，偏航通道角加速度 $\dot{\omega}_y$ 可由下式计算

$$\dot{\omega}_y=M_y/I_y \tag{3-4}$$

火箭轴向过载 N_x 和法向过载 N_z 分别如下所示

$$\begin{cases} N_x=(L\sin\alpha-D\cos\alpha)/m \\ N_z=(-L\cos\alpha-D\sin\alpha)/m \end{cases} \tag{3-5}$$

通过反向求解式（3-5），可以得到

$$\begin{cases} C_L = (N_x \sin\alpha - N_z \cos\alpha)\, m / (0.5\rho V_k^2 s) \\ C_D = (-N_x \cos\alpha - N_z \sin\alpha)\, m / (0.5\rho V_k^2 s) \\ C_Z = \dot{\omega}_y J_y / (0.5\rho V_k^2 sl) \end{cases} \quad (3-6)$$

因此三个纵向的气动参数均可以通过观测值（V_k、α、ω_y、h、N_x、N_z）求解获得。

3.4.3　递推最小二乘估计

在工程实践中，应用最早和最广泛的是线性模型的参数估计，18 世纪德国数学家高斯在行星运动轨道的预报研究中开创性地提出最小二乘法，奠定了系统辨识中参数估计方法的基石，而且至今仍然得到广泛应用。

离散线性系统的观测方程

$$Y = H\theta + V \quad (3-7)$$

式中　Y——观测矢量，$Y \in \mathbf{R}^{m \times 1}$；

$\quad\quad \theta$——待估参数，$\theta \in \mathbf{R}^{n \times 1}$；

$\quad\quad V$——测量噪声，零均值白噪声，$V \in \mathbf{R}^{m \times 1}$；

$\quad\quad H$——观测矩阵，$H \in \mathbf{R}^{m \times n}$。

线性代数理论要求待估参数的个数小于观测数据个数，即 $m \geqslant n$，实际上大多数情况下测量次数 m 远大于待估参数的个数 n。

由于系统参数在运行过程中不改变，因此观测矩阵可以写为

$$H = \begin{bmatrix} h(1) \\ h(2) \\ \cdots \\ h(j) \end{bmatrix} \in \mathbf{R}^{m \times n} \quad (3-8)$$

但是，实际求解过程中很少关心测量数据存放的次序，采用主成分法等计算方法时可能剔除方程组中的一些方程，因此一般按照第 p 个观测量写方程

$$y_p = h_{p1}\theta_1 + h_{p2}\theta_2 + \cdots + h_{pn}\theta_n + v_p \quad (3-9)$$

　　可以看出，观测方程中 h_{pk} 实际上是参数 θ_k 的放大系数，h_{pk} 越大，参数 θ_k 对观测量的贡献越大，因此观测矩阵 $\boldsymbol{H} \in \boldsymbol{R}^{m \times n}$ 有时又称为参数灵敏度系数矩阵。

　　最小二乘估计准则就是要求参数估计值 $\hat{\boldsymbol{\theta}}$，使得观测误差的二次型函数最小

$$\boldsymbol{J} = \boldsymbol{V}^{\mathrm{T}} \boldsymbol{V} = [\boldsymbol{H} \hat{\boldsymbol{\theta}} - \boldsymbol{Y}]^{\mathrm{T}} [\boldsymbol{H} \hat{\boldsymbol{\theta}} - \boldsymbol{Y}] = \min \qquad (3-10)$$

二次型函数是标量，展开写为

$$\boldsymbol{J} = \hat{\boldsymbol{\theta}}^{\mathrm{T}} (\boldsymbol{H}^{\mathrm{T}} \boldsymbol{H}) \hat{\boldsymbol{\theta}} - 2 \boldsymbol{Y}^{\mathrm{T}} \boldsymbol{H} \hat{\boldsymbol{\theta}} + \boldsymbol{Y}^{\mathrm{T}} \boldsymbol{Y} \qquad (3-11)$$

　　根据最优性条件：$\partial \boldsymbol{J} / \partial \boldsymbol{\theta}$，可以得到最小二乘估计准则下的参数估计值

$$\hat{\boldsymbol{\theta}} = [\boldsymbol{H}^{\mathrm{T}} \boldsymbol{H}]^{-1} \boldsymbol{H}^{\mathrm{T}} \boldsymbol{Y} = \boldsymbol{B}^{-1} \boldsymbol{H}^{\mathrm{T}} \boldsymbol{Y} \qquad (3-12)$$

上式中 $\boldsymbol{B} = \boldsymbol{H}^{\mathrm{T}} \boldsymbol{H}$ 称为信息矩阵。

　　对于任意的非零矢量 $\boldsymbol{\theta}$，有

$$\boldsymbol{\theta}^{\mathrm{T}} \boldsymbol{B} \boldsymbol{\theta} = (\boldsymbol{H} \boldsymbol{\theta})^{\mathrm{T}} (\boldsymbol{H} \boldsymbol{\theta}) > 0 \qquad (3-13)$$

因此信息矩阵为正定的 Hermite 二次型矩阵。

　　最小二乘估计过程中，将待估参数 θ 看作确定量，定义 $E(\tilde{\theta}) - \theta = b(\theta)$ 为估计值偏量，如果 $b = 0$，即估计值的均值等于被估计量的均值时，称为无偏估计，否则为有偏估计。可以证明采用最小二乘估计准则进行估算是无偏估计

$$\begin{aligned} E(\boldsymbol{\theta} - \hat{\boldsymbol{\theta}}) &= E(\boldsymbol{\theta} - [\boldsymbol{H}^{\mathrm{T}} \boldsymbol{H}]^{-1} \boldsymbol{H}^{\mathrm{T}} \boldsymbol{Y}) \\ &= \boldsymbol{B}^{-1} E(\boldsymbol{B} \boldsymbol{\theta} - \boldsymbol{H}^{\mathrm{T}} \boldsymbol{Y}) \\ &= \boldsymbol{B}^{-1} \boldsymbol{H}^{\mathrm{T}} E(\boldsymbol{H} \boldsymbol{\theta} - \boldsymbol{Y}) \\ &= \boldsymbol{B}^{-1} \boldsymbol{H}^{\mathrm{T}} E(\boldsymbol{V}) = 0 \end{aligned} \qquad (3-14)$$

　　利用最小二乘估计准则进行估算时，原则上不需要系统或测量的噪声分布特性，但是如果已知测量噪声的方差，那么可以通过准则函数给出参数估计值的误差统计特性。已知测量噪声的方差

$$\mathrm{Var}(\boldsymbol{V}) = E(\boldsymbol{V} \boldsymbol{V}^{\mathrm{T}}) = \boldsymbol{R}_v \qquad (3-15)$$

这里 $R_v \in \mathbf{R}^{m \times n}$ 是对角矩阵。对于无偏估计，参数估计值的协方差矩阵等于参数估计值的均方误差矩阵

$$\begin{aligned}
\mathrm{Cov}(\hat{\boldsymbol{\theta}}) &= E([\hat{\boldsymbol{\theta}} - E(\hat{\boldsymbol{\theta}})][\hat{\boldsymbol{\theta}} - E(\hat{\boldsymbol{\theta}})]^{\mathrm{T}}) \\
&= E([\boldsymbol{\theta} - \hat{\boldsymbol{\theta}}][\boldsymbol{\theta} - \hat{\boldsymbol{\theta}}]^{\mathrm{T}}) \\
&= B^{-1} E([B\boldsymbol{\theta} - H^{\mathrm{T}}Y][B\boldsymbol{\theta} - H^{\mathrm{T}}Y]^{\mathrm{T}}) B^{-1} \\
&= B^{-1} H^{\mathrm{T}} R_v H B^{-1}
\end{aligned}$$

$$(3-16)$$

如果测量噪声是等方差的，即 $R_v = \sigma^2 I$，那么 $\mathrm{Cov}(\hat{\boldsymbol{\theta}}) = \sigma^2 B^{-1}$。

3.5　仿真

在上述气动参数辨识的基础上，利用实时辨识的气动模型对飞行器进行姿态的自适应控制，使飞行器能自主地沿着标称轨迹飞行，并结合原始的气动数据，通过两者的差异实时修正飞行控制参数（如迎角、倾侧角等），提升实际飞行轨迹的控制精度。

由于气动模型中的气动参数需要实时辨识得到，因此在控制过程中气动参数是不断变化的，这对控制策略的鲁棒性提出了很高的要求。需要保证飞行器在受到气动参数变化的影响下，实现给定参考指令的稳定跟踪。针对飞行器纵向平面的姿态控制，已有一些基于线性化的方法得到了广泛的应用，但是在控制器设计时，忽略的高阶非线性项很可能是飞行器实现机动飞行所必需的。另外基于线性化方法设计的控制策略，很难保证整个飞行过程中系统的稳定性。为了在控制器设计中更好地体现模型的非线性特性，一些非线性控制方法，如反步控制、滑模控制等被应用到实际控制中。

本节采用反步控制算法来实现再入飞行器的姿态控制。反步控制是解决非线性系统控制问题的有效工具之一。其主要思想在于首先将复杂、高阶的非线性系统分解为多个简单、低阶的子系统，然后在每个子系统中引入误差变量和相应的李雅普诺夫函数，并设计

虚拟控制输入保证子系统的性能。逐步后推至整个系统完成控制器的设计，实现系统的全局调节或跟踪，使系统达到期望的性能指标。反步法实际上是一种由前向后递推的设计方法，引进的虚拟控制本质上是一种静态补偿思想，前面的子系统必须通过后面的子系统的虚拟控制才能达到镇定的目的。因此要求被控系统必须满足严格反馈形式，或经变换后可转换为严格反馈形式的非线性系统。对反步法的基本设计原理描述如下。

3.5.1　方法描述

对于如下单输入单输出非线性系统

$$\begin{cases} \dot{x}_1 = f_1(x_1) + g(x_1)x_2 \\ \dot{x}_2 = f_2(x_1, x_2) + g_2(x_1, x_2)x_3 \\ \vdots \\ \dot{x}_n = f_n(x_1, x_2, \cdots, x_n) + g_n(x_1, x_2, \cdots, x_n)\boldsymbol{u} \\ y = x_1 \end{cases} \quad (3-17)$$

其中

$$\boldsymbol{X} = [x_1, x_2, \cdots, x_n]^{\mathrm{T}}$$

式中　$\boldsymbol{X}$ ——状态矢量；

　　　$\boldsymbol{u}$ ——输入矢量；

　　　$\boldsymbol{y}$ ——输出矢量。

控制目标是设计控制器使得输出信号能够跟踪期望信号 y_d。

假设系统中 $g_i(x_1, x_2, \cdots, x_i)$ 为有界可导函数，参考信号 y_d 为 n 阶可导。

步骤1：考虑方程（3-17）的第一个子方程，定义误差面 $S_1 = x_1 - y_d$，求导可得

$$\dot{S}_1 = f_1 + g_1 x_2 - \dot{y}_d \quad (3-18)$$

选择虚拟控制器

$$\bar{x}_2 = g_1^{-1}(\dot{y}_d - k_1 S_1 - f_1) \quad (3-19)$$

式中　k_1 ——正的可调参数。

对于非线性函数，虚拟函数 $\bar{x}_i$ 每一步反复求导，都会导致控制器的复杂性随着系统维数的增加而剧烈增长，即"复杂性爆炸问题"，因此在每一步的设计中采用了 DSC（Dynamic Surface Control）技术，在每一步引入一阶低通滤波器 z_2，时间常数为 τ_2。方程如下

$$\tau_2 \dot{z}_2 + z_2 = \bar{x}_2, z_2(0) = \bar{x}_2(0) \tag{3-20}$$

步骤 2：定义误差面 $S_2 = x_2 - z_2$，求导得到

$$\dot{S}_2 = f_2 + g_2 x_3 - \dot{z}_2 \tag{3-21}$$

选取虚拟控制器

$$\bar{x}_3 = g_2^{-1}(\dot{z}_2 - k_2 S_2 - f_2) \tag{3-22}$$

引入一阶滤波器 z_3，时间常数为 τ_3。方程如下

$$\tau_3 \dot{z}_3 + z_3 = \bar{x}_3, z_3(0) = \bar{x}_3(0) \tag{3-23}$$

步骤 $i(i=3, \cdots, n-1)$：定义误差面 $S_i = x_i - z_i$，求导得到

$$\dot{S}_i = f_i + g_i x_{i+1} - \dot{z}_i \tag{3-24}$$

选取虚拟控制器

$$\bar{x}_{i+1} = g_i^{-1}(\dot{z}_i - k_i S_i - f_i) \tag{3-25}$$

引入一阶滤波器 z_i，时间常数为 τ_i。方程如下

$$\tau_i \dot{z}_i + z_i = \bar{x}_i, z_i(0) = \bar{x}_i(0) \tag{3-26}$$

步骤 n：定义误差面 $S_n = x_n - z_n$，求导得到

$$\dot{S}_n = f_n + g_n u - \dot{z}_n \tag{3-27}$$

最后得到实际的控制律

$$u = g_n^{-1}(\dot{z}_n - k_n S_n - f_n) \tag{3-28}$$

3.5.2　面向控制的飞行器模型建立

对于飞行器纵向模型，通过气动参数辨识，得到线性的气动力模型为

$$\begin{cases} C_L = C_{L0} + C_{La}\alpha + C_{LMa}Ma \\ C_D = C_{D0} + C_{Da}\alpha^2 + C_{DMa}Ma + C_{Dh}h \\ C_Z = C_{Z0} + C_{Za}\alpha + C_{ZMa}Ma + C_{Z\delta}\delta + C_{Z\omega}\omega \end{cases} \tag{3-29}$$

式中，C_{L0}，C_{La}，C_{LMa}，C_{D0}，C_{Da}，C_{DMa}，C_{Dh}，C_{Z0}，C_{Za}，C_{ZMa}，$C_{Z\delta}$，$C_{Z\omega}$ 分别为气动力对各状态量的气动系数。在飞行器的实时飞行过程中，气动参数的在线辨识使得飞行器气动参数在不断地变化并收敛至稳定值，在变化过程中，系统模型也会有所改变，这对飞控系统的自适应性和鲁棒性提出了很高的要求。

在飞行器在线辨识的基础上，对飞行器纵向平面进行姿态控制。在姿态控制中，利用测量得到的攻角和俯仰角速率，改变飞行器的升降舵面产生俯仰力矩，进而改变飞行器的俯仰角速率，最终通过俯仰角速率达到控制飞行器的攻角的目的，使攻角达到期望值。在控制过程中，航迹倾斜角往往较小，可以近似认为 $\gamma = 0$，以简化控制模型。

根据飞行器模型，定义 $\boldsymbol{x} = [x_1, x_2]^T$，$x_1 = \alpha$，$x_2 = \omega$，建立面向控制的飞行器严格反馈形式方程为

$$\begin{cases} \dot{x}_1 = f_1 + g_1(x_1)x_2 \\ \dot{x}_2 = f_2(x_1, x_2) + g_2(x_1, x_2)u \end{cases} \tag{3-30}$$

其中

$$g_1 = 1, f_1 = -V/(h + Re)$$
$$f_2 = (C_{Z0} + C_{Za} \cdot x_1 + C_{ZMa}Ma + C_{Z\omega} \cdot \omega)/I_y$$
$$g_2 = C_{Z\delta}/I_y$$

3.5.3　控制器设计

针对上节的飞行器严格反馈形式，采用反步控制算法，设计控制器步骤如下：

步骤 1：定义误差面 $S_1 = x_1 - y_d$，求导可得

$$\dot{S}_1 = f_1 + g_1 x_2 - \dot{y}_d \tag{3-31}$$

选择虚拟控制器

$$\bar{x}_2 = g_1^{-1}(\dot{y}_d - f_1 - k_1 S_1) \tag{3-32}$$

式中　　k_1——正的可调参数。

引入一阶低通滤波器 z_2，时间常数为 τ_2。方程如下

$$\tau_2 \dot{z}_2 + z_2 = \bar{x}_2, z_2(0) = \bar{x}_2(0) \qquad (3-33)$$

步骤 2：定义误差面 $S_2 = x_2 - z_2$，求导得到

$$\dot{S}_2 = f_2 + g_2 u - \dot{z}_2 \qquad (3-34)$$

最后得到实际的控制律

$$u = g_2^{-1}(\dot{z}_2 - k_2 S_2 - f_2) \qquad (3-35)$$

3.5.4　仿真结果

针对飞行器纵向姿态控制，采用在线实时参数辨识得到的线性气动力模型，通过设计的控制律，对系统进行仿真验证。飞行器弹道为通过标准气动数据仿真得到的再入飞行器的飞行路径，在仿真过程中，刚开始的操纵激励阶段无控制器干涉，操纵激励结束后，气动参数模型达到了相对稳定的阶段，此时增加控制器的作用。将辨识得到的气动数据实时更新系统模型，并通过控制器进行自适应控制。飞行器飞行在 60 km 左右的高度，速度为 4 km/s 左右，反步控制器相关的参数选取如下：$k_1 = 6$，$k_2 = 2$，$\tau_2 = 0.02$。基于辨识的飞行器控制结果如图 3-5～图 3-8 所示。可以看出本书的控制方法达到了较好的控制效果。

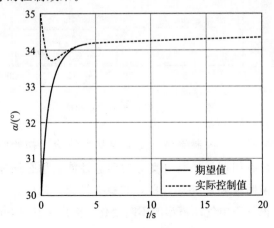

图 3-5　迎角控制曲线

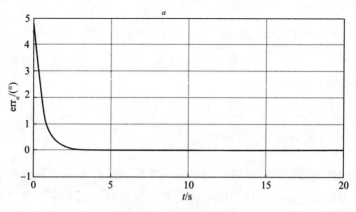

图 3 - 6　迎角控制误差

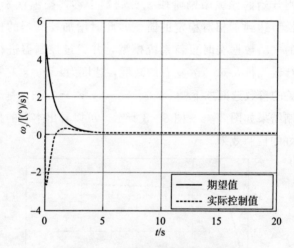

图 3 - 7　俯仰角速率控制曲线

　　仿真结果显示，控制系统在 5 s 内基本消除了初始时的系统误差，且几乎没有超调量，具有良好的动态性能。稳态误差基本保持在零左右，说明控制系统具有良好的稳态性能。此外，控制器能克服在实时辨识过程中气动模型的不断变化，突出了其良好的鲁棒性。

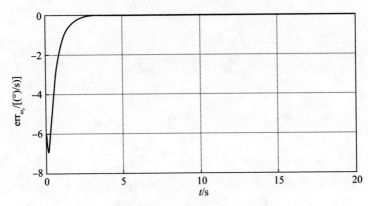

图 3 - 8　俯仰角速率控制误差

参 考 文 献

[1] 张育林，吴建军．液体火箭发动机健康监控技术［M］．长沙：国防科技大学出版社，1998.

[2] ［美］D•M•哈林，R•D•罗伦茨．航天系统故障与对策［M］．阎列，邓宁丰，舒承东，译．北京：中国宇航出版社，2007.

[3] 总装备部情报研究所．1990—2002年各国运载火箭动力系统故障情况［R］．北京：中国国防科技信息中心，2003.

[4] Deidre E Paris，Michael D Watson，Luis D Trevino. An Intelligent Integration Framework for In - Space Propulsion Technologies for Integrated Vehicle Health Management［J］. AIAA 2005 - 3723，10 - 13，July，2005.

[5] 黄敏超．液体火箭发动机故障的神经网络诊断研究［D］．长沙：国防科技大学，1998.

[6] 侯金丽，金平，蔡国飙．基于模糊故障树和因子化分析的重复使用火箭发动机失效模式［J］．航空动力学报，2014（4）：987 - 992.

[7] 金亮亮．基于故障树的航天器故障诊断专家系统研究［D］．南京：南京航空航天大学，2008.

[8] 黄霞，迟宏波，孙超，等．基于数据驱动的运载火箭贮箱故障诊断方法研究［J］．航天制造技术，2018（4）：60 - 65.

[9] 李勇．基于增量式模糊支持向量机的陀螺仪故障诊断［D］．南京：南京航空航天大学，2015.

[10] 余浩章，陈新华．运载火箭伺服机构性能测试故障树研究［J］．装备指挥技术学院学报，2002（1）：37 - 41.

[11] L Ljung. System Identification：Theory for the user［M］. Prentice Hall，Englewood Cliffs，N. J，1987.

[12] Theodore Colin R，Tischler Mark B，Colbourne Jason D. Rapid Frequency - Domain Modeling Methods for Unmanned Aerial Vehicle Flight Control

Applications [J]. Journal of Aircraft, 2004, 41 (4): 735 - 743.

[13] Jategaonkar Ravindra V, Fischenberg Dietrich, Gruenhagen Wolfgang. Aerodynamic Modeling and System Identification from Flight Data - Recent Applications at DLR [J]. Journal of Aircraft, 2004, 41 (4): 681 - 691.

[14] Tischler Mark B, Remple Rober K. Aircraft and Rotorcraft System Identification: Engineering Methods with Flight - Test Examples [M]. America: American Institute of Aeronautics and Astronautics, 2006.

[15] Tischler M B, Cauffman M G. CIFER Version 2.1, Comprehensive Identification from Frequency Responses, An interactive facility for system identification and verification [J]. Sterling Software, Palo Alto, CA.

[16] Balough Dwight L. Determination of X - 36 stability margins using real - time frequency response techniques [R]. AIAA Atmospheric Flight Mechanics Conference and Exhibit, Boston, MA, Aug. 10 - 12, 1998, Collection of Technical Papers (A98 - 37204 10 - 08), Reston, VA, American Institute of Aeronautics and Astronautics, 1998, p. 105 - 115.

[17] Colin R Theodore, Mark B Tischler, Jason D Colbourne. Rapid Frequency - Domain Modeling Methods for Unmanned Aerial Vehicle Flight Control Applications [J]. Journal of Aircraft, 2004, 41 (4): 735 - 743.

[18] Theodore Colin, Tischler Mark. Rapid frequency domain modeling methods for UAV flight control applications [C]. 2003 AIAA Atmospheric Flight Mechanics Conference and Exhibit, Austin, TX, Aug. 11 - 14, 2003.

[19] Bosworth John T, Stachowiak Susan J. Real - Time Stability Margin Measurements for X - 38 Robustness Analysis [C]. H - 2565; NASA TP - 2005 - 212856.

[20] Baumann Ethan. Tailored Excitation for Frequency Response Measurement Applied to the X - 43A Flight Vehicle. H - 2679; NASA TM - 2007 - 214609.

[21] Matthew S Holzel, Eugene A Morelli. Real - Time Frequency Response Estimation from Flight Data [C]. AIAA Guidance, Navigation, and Control Conference. 08 - 11 August 2011, Portland, Oregon AIAA - 2011 - 6358.

[22] 缪存孝, 房建成. 基于 UKF 的小型无人飞行器模型参数在线辨识 [C]. 中国自动化学会控制理论专业委员会 B 卷, 2011.

[23] 鲁兴举, 郑志强, 郭鸿武. 基于递推傅里叶变换的飞行器参数在线辨识方法 [J]. 航空学报, 2014, 35 (2): 532-540.

[24] 余舜京, 程艳青, 钱炜祺. 跨声速气动参数在线辨识方法研究 [J]. 宇航学报, 2011, 32 (6): 1211-1216.

第 4 章 运载火箭智能评估与决策

4.1 引言

运载火箭根据收集的信息，实时地监测自身状态和控制系统的运行情况，开展在线状态的辨识与诊断工作。根据故障诊断结果，进行在线建模、能力评估和决策。如果状态正常，则仍向原目标飞行；如果出现较大的飞行状态偏差、控制能力下降、推力下降或者某个发动机误关机，则进行能力评估，决定继续向原目标飞行，还是选择一个降级目标进入救援轨道。降级目标的选择应充分利用推进剂，并使得救援轨道尽可能接近原轨道[1-3]。在确定目标后，选择约束适配的飞行策略，可以全程在线实时规划（在计算能力能够解决所有过程约束和终端约束的前提下）。

通常，运载火箭的能力评估可以采用解析预测的方法和数值优化的方法：解析预测的方法主要包括基于需要速度模型的入轨能力评估方法和基于快速外推计算的入轨能力在线评估方法；数值优化方法主要包括基于轨迹规划的能力评估方法，其中轨迹规划模型中的性能指标设计为需要评价的火箭能力特征。

本章主要介绍解析预测的火箭能力评估方法，数值优化的方法在第 5 章进行专门介绍。

4.2 基于需要速度模型的入轨能力评估方法

本节重点介绍基于需要速度模型的入轨能力实时在线评估技术的应用。针对故障带来的能量损失，可基于迭代制导中需要速度求解算法，求解能量损失状态造成的速度增量损失，结合火箭当前状态，进而计算故障条件下火箭轨道调整能力与轨道形状形成能力，完成入轨能力实时评估。本节将首先对故障状态造成的能量损失进行分析，给出需要速度计算方法，最后对基于需要速度模型的入轨能力实时在线评估技术进行研究。

4.2.1　故障状态下液体运载火箭能量损失分析

液体运载火箭主要故障模式包括动力系统故障和伺服系统故障。

动力系统故障主要指由于发动机故障导致的秒耗量下降、推力严重下降的状态，此时推进剂总量不变，但发动机工作时间延长，会造成更多的气动损失和重力损失，以速度损失 ΔV_1 的方式可表示如下，本节中假设推进剂没有泄漏

$$\Delta V_1 = \Delta V_{\text{air}} + \Delta V_{\text{gravity}}$$

$$= \int_{t_0}^{t_f'} C_x \, dt - \int_{t_0}^{t_f} C_x \, dt + \int_{t_0}^{t_f'} g \sin\theta \, dt - \int_{t_0}^{t_f} g \sin\theta \, dt$$

$$(4-1)$$

式中　　t_0——当前时间；

t_f'——液体运载火箭发动机实际发动机工作时间，可根据故障诊断结果进行预估；

t_f——运载火箭发动机标准工作时间；

C_x——火箭所受气动阻力加速度；

g——液体运载火箭重力加速度；

θ——弹道倾角，可根据液体运载火箭当前状态和终端约束进行计算和预估。

当伺服系统发生卡死等故障时，一般会造成不同程度的推力损失，则伺服系统故障造成的速度损失 ΔV_2 可表示如下

$$\Delta V_2 = \int_{t_0}^{t_f} \frac{P}{m} (1 - \cos\Delta\delta) \, dt \qquad (4-2)$$

式中　P——运载火箭发动机推力；

　　m ——运载火箭质量；

　　$\Delta\delta$ ——伺服系统发生卡死、松浮等故障造成的发动机摆角
　　　　偏差。

　　根据故障诊断结果和上述公式，即可估算运载火箭系统故障造成的速度损失，为入轨能力在线评估奠定基础。

4.2.2　基于轨道约束的需要速度计算方法

　　"需要速度"是指假定运载火箭在当前的位置上关机，进入目标轨道还需要的速度增量。

　　为了求解需要速度，首先给出关于计算椭圆轨道（见图 4 – 1）的公式，椭圆轨道方程式为

$$r = \frac{p}{1 - e\cos\xi} \tag{4 – 3}$$

其中

$$p = K^2/\mu$$

式中　p ——半通径；

　　　K ——角动量；

　　　e ——偏心率；

　　　ξ ——偏心矢量 e 的负向与 r 的夹角；

　　　μ ——地球引力常数。

　　（1）已知椭圆轨道上一点的参数，求解轨道上任一点的参数

　　若已知椭圆轨道上 K 处的地心矢径 r_K，速度 v_K，速度倾角 θ_{HK}（速度矢量与地心矢径的夹角），则椭圆轨道参数为

$$p = K^2/\mu \tag{4 – 4}$$

$$K = r_K v_K \cos\theta_{HK} \tag{4 – 5}$$

$$\xi_K = \operatorname{atan}\left[\frac{p v_K \sin\theta_{HK}}{\left(\dfrac{p}{r_K} - 1\right)K}\right] \tag{4 – 6}$$

$$e = \left(1 - \frac{p}{r_K}\right)/\cos\xi_K \tag{4 – 7}$$

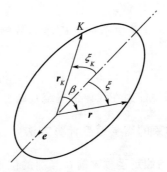

图 4-1　椭圆轨道示意图

质点沿椭圆运动，转过地心角 β 时对应的矢径 r 和飞行时间 t_f 分别为

$$r = \frac{p}{1 - e\cos(\xi_K + \beta)} \tag{4-8}$$

$$\xi = \xi_K + \beta$$

$$t_f = \frac{1}{\sqrt{\mu}}\left(\frac{p}{1-e^2}\right)^{\frac{3}{2}}\left[\gamma - \gamma_K + e(\sin\gamma - \sin\gamma_K)\right] \tag{4-9}$$

其中

$$\begin{cases} \gamma = 2\arctan\left(\sqrt{\dfrac{1+e}{1-e}}\tan\dfrac{\xi}{2}\right) \\ \gamma_K = 2\arctan\left(\sqrt{\dfrac{1+e}{1-e}}\tan\dfrac{\xi_K}{2}\right) \end{cases} \tag{4-10}$$

（2）通过地球外两点 K，T 的椭圆轨道

已知 K，T 两点的地心矢径分别为 r_K，r_T，矢径间地心角为 β，则有

$$r_K = p/(1 - e\cos\xi_K) \tag{4-11}$$

$$r_T = p/[1 - e\cos(\beta + \xi_K)] \tag{4-12}$$

上述有两个方程，但有三个待定常数：p，e 和 ξ_K，有无穷多组解。那么，经过 K，T 两点的椭圆轨道有无穷多个，因此还需要根据具体要求规定限定条件。

若给定 T 点（目标点）的速度倾角 $\theta_{HT} = \theta_{HT}^*$，求对应的椭圆轨道，可迭代计算下列各式

$$
\begin{cases}
p_i = \dfrac{r_T(1-\cos\beta)}{1 - \dfrac{r_T}{r_K}(\cos\beta - \sin\beta\tan\theta_{HKi})} \\[4mm]
v_K = \dfrac{\sqrt{p\mu}}{r_K\cos\theta_{HKi}} \\[3mm]
v_T = \sqrt{v_K^2 - 2\mu(1/r_K - 1/r_T)} \\[3mm]
\theta_{HTi} = -\arccos\dfrac{r_K v_K \cos\theta_{HKi}}{r_T v_T} \\[3mm]
\Delta\theta_i = D(\theta_{HT}^* - \theta_{HTi}), \quad D = \dfrac{\partial\theta_{HK}}{\partial\theta_{HT}} \\[3mm]
\theta_{HK,i+1} = \theta_{HKi} + \Delta\theta_i
\end{cases}
\tag{4-13}
$$

当 $|\theta_{HT} - \theta_{HT}^*|$ 小于允许值时结束迭代，取 $\theta_{HK} = \theta_{HKi}$，并求出 v_K。

4.2.3　基于需要速度模型的入轨能力实时在线评估方法

应用上述方法即可确定针对某一入轨目标，液体运载火箭的需要速度，根据液体运载火箭当前速度，即可确定其所需的速度增量，再根据齐奥尔科夫斯基公式计算液体运载火箭所能提供的速度增量，同时考虑故障带来的能量损失（可由 4.2.1 节算法计算得到），即可判断液体运载火箭能否实现该入轨目标。更换不同的目标点反复进行入轨能力分析，即可实现对故障状态下液体运载火箭入轨能力实时在线评估，具体流程如下：

1）确定入轨要求，给出终端位置坐标约束和倾角约束；

2）应用 4.2.2 节方法，根据液体运载火箭当前状态，计算达到入轨目标需求的需要速度；

3）根据计算得到的需要速度和液体运载火箭当前速度，计算所需的待增速度 $\boldsymbol{V}_{req}$；

4）基于齐奥尔科夫斯基公式计算液体运载火箭可提供的速度增量 ΔV_c：

$$\Delta V_c = I_{sp} \ln \frac{m_0}{m_1} \qquad (4-14)$$

式中 I_{sp} ——推进剂比冲；

m_1 ——停火点质量，可由液体运载火箭结构确定；

m_0 ——当前质量，可由起飞质量和实时辨识得到的秒耗量计算得到。

智能故障检测系统会定时更新比冲，并根据更新比冲更新 ΔV_c。

5）由 4.2.1 节算法计算得到故障带来的能量损失 ΔV_1 和 ΔV_2；

6）如 $|\boldsymbol{V}_{req}| > \Delta V_c - \Delta V_1 - \Delta V_2$，则液体运载火箭无法实现入轨，反之如果 $|\boldsymbol{V}_{req}| < \Delta V_c - \Delta V_1 - \Delta V_2$，则液体运载火箭能够实现入轨；

7）反复更换目标点，重复步骤1）～步骤6），即可确定故障状态下液体运载火箭入轨覆盖范围，实现入轨能力实时在线评估。

4.3 基于上升段快速外推计算的故障状态入轨能力在线评估方法

在液体运载火箭动力系统或伺服系统发生故障时，可能产生推力损失、大干扰力作用等效应，严重影响液体运载火箭入轨精度水平。为了实现故障状态下入轨精度损失的实时在线计算，为后续的任务重构与自主决策奠定基础，本节将研究基于弹道快速计算的故障状态入轨精度损失实时在线计算方法。其主要思路为：

1）通过数值积分预测故障状态下关机点弹道参数，以及故障干扰、故障辨识不准确造成的关机点弹道参数偏差；

2）计算关机点弹道参数偏差状态下入轨点；

3）根据故障干扰影响下入轨精度，实现故障状态入轨精度损失实时在线计算。

　　本节将首先对弹道快速解析计算方法进行简要介绍，再对入轨精度水平实时在线计算模型建立方法进行研究，以实现入轨精度水平的在线实时计算。

　　本节通过介绍液体运载火箭主动段弹道快速计算方法和自由段弹道解析计算方法，为入轨精度水平实时在线计算模型建立奠定基础。

　　(1) 液体运载火箭主动段弹道快速计算方法

　　针对液体运载火箭主动段弹道计算问题，由于其动力学模型较为复杂，非线性较强，且随时间变化，很难实现准确的解析计算，只能通过数值计算方法，计算主动段弹道，得到关机点各项弹道参数，同时分析故障干扰对关机点参数影响，计算故障造成的关机点参数偏差。根据不同的故障模式、不同的飞行阶段，本节介绍基于 Newton‑Cotes 求积公式、基于 Runge‑Kutta 算法和真空飞行段快速求解三种数值算法。

　　根据工程经验分析可知，当系统不存在推力损失故障，发生伺服系统故障时，根据姿态稳定需求完成伺服机构重构后，其推力损失较小，液体运载火箭上升段弹道与标准弹道差别不大。当液体运载火箭动力系统存在故障时，推力会产生较大损失，工作时间也会相应延长，此时液体运载火箭上升段弹道与标准弹道差别较大，增大了弹道计算难度。

　　针对伺服系统故障条件下的主动段弹道快速计算，可采用 Newton‑Cotes 求积公式快速计算主动段弹道关机点以及关机点偏差。

　　液体运载火箭弹道参数 x 的动力学微分方程可表示为

$$\dot{x} = f(x,t) + \Delta f(x,t,\kappa) = g(x,t,\kappa) \qquad (4-15)$$

式中　f ——液体运载火箭动力学模型；

　　　Δf ——故障干扰模型，详见第 3 章；

　　　t ——液体运载火箭飞行时间；

　　　κ ——液体运载火箭故障状态下所受干扰。

4 阶 Newton – Cotes 求积公式如下

$$x(t) - x(0) = \frac{t}{90}[7g(0) + 32g(\delta) + 12g(2\delta) + 32g(3\delta) + 7g(4\delta)]$$

$$\delta = t/4$$

$$(4 - 16)$$

$g(t)$ 根据标准弹道参数得到，通过上述公式即可实现对弹道参数偏差较小时的关机点参数计算。

当液体运载火箭动力系统发生严重故障时，推力损失大，飞行时间也会相应延长，制导指令、弹道参数也会与标准弹道差别较大，此时无法采用上述算法计算主动段弹道，需要研究不依赖于标准弹道参数的、更具备普遍适用性的主动段弹道数值计算方法。

本书应用 4 阶 Runge – Kutta 方法，对动力系统故障状态下的液体运载火箭主动段弹道进行数值积分计算：

令

$$\begin{cases} k_1 = h[f(t_i, x_i) + \Delta f(t_i, x_i, \delta_i)] \\ k_2 = h\left[f\left(t_i + \frac{h}{2}, x_i + \frac{k_1}{2}\right) + \Delta f\left(t_i + \frac{h}{2}, x_i + \frac{k_1}{2}, \delta_i\right)\right] \\ k_3 = h\left[f\left(t_i + \frac{h}{2}, x_i + \frac{k_2}{2}\right) + \Delta f\left(t_i + \frac{h}{2}, x_i + \frac{k_2}{2}, \delta_i\right)\right] \\ k_4 = h[f(t_i + h, x_i + k_3) + \Delta f(t_i + h, x_i + k_3, \delta_i)] \\ t_{i+1} = t_i + h \\ x_{i+1} = x_i + \frac{1}{6}(k_1 + 2k_2 + 2k_3 + k_4) \end{cases}$$

$$(4 - 17)$$

式中　　h ——积分步长。

上式对于每一个 $i = 0, 1, \cdots$ 均成立。4 阶 Runge – Kutta 方法具有局部截断误差 $O(h^4)$，精度较高，在实际计算过程中为同时保证计算效率和计算精度，可令积分步长 $h = 2$ s，实现对关机点各项弹道参数以及故障影响下各项关机点参数偏差的预测和计算。

为了进一步提高求解效率，在运载火箭真空飞行段可应用基于数值解析解真空快速轨迹求解技术。

（2）液体运载火箭自由段弹道解析计算方法

液体运载火箭自由段可认为只受重力影响，为了保证计算效率，本书介绍一种液体运载火箭真空段自由飞行轨道快速计算方法，求取目标轨道参数。

液体运载火箭真空段自由飞行轨道及入轨点参数快速计算方法主要流程如下：

1）根据关机点位置、速度坐标，求取当前状态下运载火箭的轨道六根数，进而求得椭圆轨道几何参数；

2）根据椭圆轨道几何参数，确定轨道真近点角，同时假设其他五个轨道根数不变；

3）根据目标轨道的轨道六根数，计算其位置坐标，即可得到入轨点位置。

首先介绍由速度、位置状态矢量求得轨道六根数的算法，下面是其具体计算步骤：

（1）计算地心距离

根据给定的位置状态矢量计算其模，有

$$r = \sqrt{\boldsymbol{r} \cdot \boldsymbol{r}} = \sqrt{X^2 + Y^2 + Z^2} \tag{4-18}$$

（2）计算速度大小

根据给定的速度状态矢量计算其模，有

$$v = \sqrt{\boldsymbol{v} \cdot \boldsymbol{v}} = \sqrt{v_x^2 + v_y^2 + v_z^2} \tag{4-19}$$

（3）计算径向速度大小

$$v_r = \frac{\boldsymbol{r} \cdot \boldsymbol{v}}{r} = \frac{(Xv_x + Yv_y + Zv_z)}{r} \tag{4-20}$$

注意：若 $v_r > 0$，则卫星正飞离近地点；若 $v_r < 0$，则卫星正飞向近地点。

（4）计算出比角动量

$$\boldsymbol{h} = \boldsymbol{r} \times \boldsymbol{v} = \begin{vmatrix} i & j & k \\ X & Y & Z \\ v_x & v_y & v_z \end{vmatrix} \tag{4-21}$$

（5）计算角动量的模

$$h = \sqrt{\boldsymbol{h} \cdot \boldsymbol{h}} \tag{4-22}$$

（6）计算出轨道倾角

$$i = \arccos\left(\frac{h_z}{h}\right) \tag{4-23}$$

注意，i 为 $0° \sim 180°$。不存在象限不清问题。若 $90° < i \leqslant 180°$，则此轨道为逆行轨道。

（7）计算出

$$\boldsymbol{N} = \boldsymbol{k} \times \boldsymbol{h} = \begin{vmatrix} i & j & k \\ 0 & 0 & 1 \\ h_x & h_y & h_z \end{vmatrix} \tag{4-24}$$

（8）计算出 $\boldsymbol{N}$ 的模

$$N = \sqrt{\boldsymbol{N} \cdot \boldsymbol{N}} \tag{4-25}$$

（9）计算升交点赤经

$$\Omega = \arccos\left(\frac{N_x}{N}\right) \tag{4-26}$$

若 $\left(\dfrac{N_x}{N}\right) > 0$，则 Ω 位于第一或第四象限；若 $\left(\dfrac{N_x}{N}\right) < 0$，则 Ω 位于第二或第三象限。要将 Ω 放置于合适的象限，注意到：若 $N_y \geqslant 0$，则升交点位于 XZ 垂直平面的正方向（$0 \leqslant \Omega < 180°$）；反之，若 $N_y < 0$，则升交点位于 XZ 平面的负方向（$180° \leqslant \Omega < 360°$）。因此，$N_y \geqslant 0$ 时，$0 \leqslant \Omega < 180°$；$N_y < 0$ 时，$180° \leqslant \Omega < 360°$。总结如下所示

$$\Omega = \begin{cases} \arccos\left(\dfrac{N_x}{N}\right), & N_y \geqslant 0 \\ 360° - \arccos\left(\dfrac{N_x}{N}\right), & N_y < 0 \end{cases} \tag{4-27}$$

（10）计算出偏心率

由轨道力学相关知识可得

$$e = \frac{1}{\mu}\left[v \times h - \mu\,\frac{r}{r}\right]$$

$$= \frac{1}{\mu}\left[v \times (r \times v) - \mu\,\frac{r}{r}\right] \qquad (4-28)$$

$$= \frac{1}{\mu}\left[rv^2 - v(r \cdot v) - \mu\,\frac{r}{r}\right]$$

即

$$e = \frac{1}{\mu}\left[\left(v^2 - \frac{\mu}{r}\right)r - rv_r v\right] \qquad (4-29)$$

（11）计算出偏心率

$$e = \sqrt{e \cdot e} \qquad (4-30)$$

展开可得

$$e = \frac{1}{\mu}\sqrt{(2\mu - rv^2)\,rv_r^2 + (\mu - rv^2)^2} \qquad (4-31)$$

（12）计算出近地点幅角

$$\omega = \arccos\left(\frac{N \cdot e}{Ne}\right) \qquad (4-32)$$

若 $N \cdot e > 0$，则 ω 位于第一象限或第四象限；若 $N \cdot e < 0$，则 ω 位于第二或第四象限。要将 ω 置于合适的象限，根据观察可知：若 e 方向向上（Z 轴正半轴），则近地点位于赤道平面上方（$0 \leqslant \omega < 180°$）；若 e 方向向下，则近地点位于赤道平面下方（$180° \leqslant \omega < 360°$）。因此，$e_z \geqslant 0$ 时，$0 \leqslant \omega < 180°$，$e_z < 0$ 时，$180° \leqslant \omega < 360°$，总结如下

$$\omega = \begin{cases} \arccos\left(\dfrac{N \cdot e}{Ne}\right), & e_z \geqslant 0 \\[2mm] 360° - \arccos\left(\dfrac{N \cdot e}{Ne}\right), & e_z < 0 \end{cases} \qquad (4-33)$$

（13）计算出真近点角

$$\theta = \arccos\left(\frac{e \cdot r}{er}\right) \qquad (4-34)$$

若 $e \cdot r > 0$，则 θ 位于第一象限或第四象限；若 $e \cdot r < 0$，则 θ

位于第二或第三象限。要确定 θ 的正确象限，注意到：若上面级正飞离近地点（$\boldsymbol{r} \cdot \boldsymbol{v} \geqslant 0$），则 $0 \leqslant \theta < 180°$；若上面级正飞向近地点（$\boldsymbol{r} \cdot \boldsymbol{v} < 0$），则 $180° \leqslant \theta < 360°$。因此可总结为如下结果

$$\theta = \begin{cases} \arccos\left(\dfrac{\boldsymbol{e} \cdot \boldsymbol{r}}{er}\right), & v_r \geqslant 0 \\ 360° - \arccos\left(\dfrac{\boldsymbol{e} \cdot \boldsymbol{r}}{er}\right), & v_r < 0 \end{cases} \qquad (4-35)$$

代入式（4-29），可改为

$$\theta = \begin{cases} \arccos\left[\dfrac{1}{e}\left(\dfrac{h^2}{\mu r} - 1\right)\right], & v_r \geqslant 0 \\ 360° - \arccos\left[\dfrac{1}{e}\left(\dfrac{h^2}{\mu r} - 1\right)\right], & v_r < 0 \end{cases} \qquad (4-36)$$

由此完成了由速度、位置矢量计算轨道六根数。

目标轨道真近点角 θ_f 满足

$$\frac{h^2}{\mu} \frac{1}{1 + e\cos\theta_f} = R_e \qquad (4-37)$$

需要说明的是，上式有两个解，根据运载火箭运动规律，应取 $\theta_f > \pi$。

得到目标轨道真近点角后，认为其他五根数不变，即可得目标轨道六根数。通过目标轨道六根数求解地心惯性坐标系下的速度和位置矢量算法步骤如下：

1）求近焦点坐标系下位置矢量

$$\boldsymbol{r}_1 = \frac{h^2}{\mu} \frac{1}{1 + e\cos\theta_f} \begin{bmatrix} \cos\theta_f \\ \sin\theta_f \\ 0 \end{bmatrix} \qquad (4-38)$$

2）求近焦点坐标系下速度矢量

$$\boldsymbol{v}_1 = \frac{\mu}{h} \begin{bmatrix} -\sin\theta_f \\ e + \cos\theta_f \\ 0 \end{bmatrix} \qquad (4-39)$$

3）坐标系转换

由近焦点坐标系到地心惯性坐标系的转换矩阵为

$$C_J^I = \begin{bmatrix} \cos\omega & \sin\omega & 0 \\ -\sin\omega & \cos\omega & 0 \\ 0 & 0 & 1 \end{bmatrix} \begin{bmatrix} 1 & 0 & 0 \\ 0 & \cos i & \sin i \\ 0 & -\sin i & \cos i \end{bmatrix} \begin{bmatrix} \cos\Omega & \sin\Omega & 0 \\ -\sin\Omega & \cos\Omega & 0 \\ 0 & 0 & 1 \end{bmatrix}$$

$$(4-40)$$

则地心惯性坐标系下的速度和位置矢量为

$$\boldsymbol{r} = C_J^I \boldsymbol{r}_1$$
$$\boldsymbol{v} = C_J^I \boldsymbol{v}_1$$

$$(4-41)$$

由此完成了由轨道六根数求得地心惯性坐标系下的速度和位置矢量。

4.4　在线决策逻辑

针对出现的故障，按照故障紧急程度处置措施可以分为：

Ⅰ级：安全逃逸——针对载人运载火箭，当出现危及航天员安全的故障时启动逃逸程序，不再对火箭进行补救（只进行发动机关机）。

Ⅱ级：在轨救援——针对出现的故障导致无法达到预定的最低入轨要求，采取措施使有效载荷进入适当的中间轨道，为后续补救创造条件。

Ⅲ级：故障吸收——针对出现的故障通过裕度设计或者重新任务规划，达到预定的最低入轨要求，确保任务圆满成功。

4.5　仿真

以某型火箭为对象，考虑动力系统故障引起推力下降情况下，进行火箭控制能力的在线评估。

本节仿真采用的火箭对象为二级火箭，一级与二级均共有两台主发动机。根据不同的剩余发动机推力，分析在一级推力下降 45% 的假设条件下（一台发动机完好，一台推力下降 90%），也即芯一级整机剩余推力比例为 55%，其故障情况认为是理想排气速度不变，只是质量秒耗量按相应的比率降低。

现考虑在故障点处以全推力飞行和以 55% 推力飞行两种状态，将芯一级剩余推进剂全部燃烧完毕的情况，仿真结果如图 4-2~图 4-5 所示。对比轨道参数，从图中可以看出，在消耗同等推进剂的情况下，全推力较大的加速度相比小推力较小的加速度来说，可实现更大的长半轴，更高的轨道高度，效率更高，入轨能力更强，但由于消耗的推进剂相同，一二级分离时的速度相同。

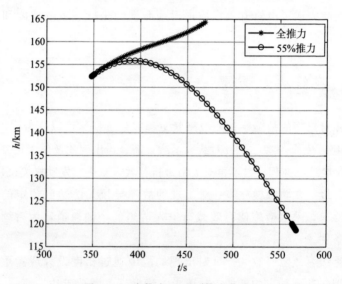

图 4-2　全推力和 55% 推力曲线 1

对比同等推进剂的情况，全推力和 55% 推力所产生的轨道如图 4-6 所示，可见推力下降 55% 后对于轨道远地点的提升能力明显降低，轨道因椭圆轨道形状限制，高度迅速下降，导致运载器坠毁。

进一步，本节分析不同故障时刻所对应的累积引力损失，如图 4-7 和图 4-8 所示，可以看出，当地速度倾角规律按一次函数比二次函数所计算得出的累积引力损失大；发动机剩余推力越大，也即发动机推力下降越小，累积引力损失越小。

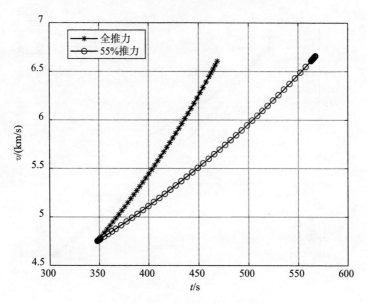

图 4 - 3　全推力和 55% 推力曲线 2

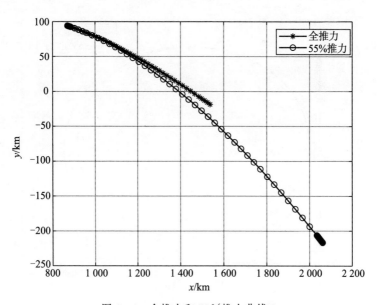

图 4 - 4　全推力和 55% 推力曲线 3

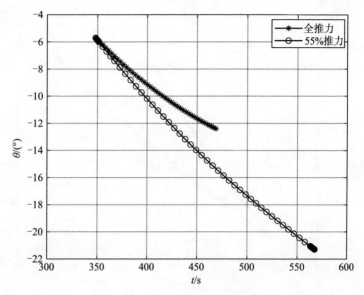

图 4 - 5　全推力和 55% 推力曲线 4

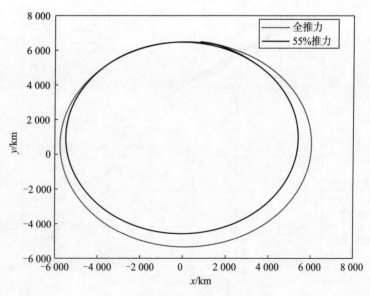

图 4 - 6　全推力和 55% 推力轨道

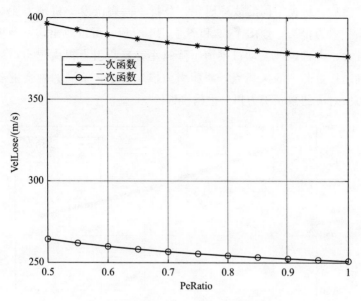

图 4 - 7   故障时刻 380 s 累积引力损失

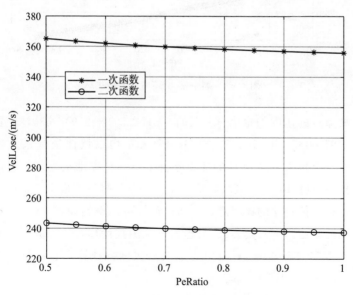

图 4 - 8   故障时刻 400 s 累积引力损失

　　然后，根据不同的故障时刻，分析不同剩余发动机推力所对应的累积引力损失，如图 4 - 9 和图 4 - 10 所示，可以看出，发动机剩余推力越大，也即发动机推力下降越小，累积引力损失越小；故障时刻越接近芯一级关机点，累积引力损失越小，不同的剩余发动机推力所对应的累积引力损失也越接近。

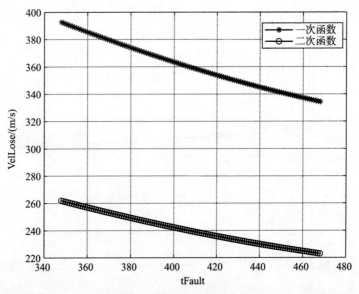

图 4 - 9　剩余推力 55% 引力损失

　　故障点的速度矢量为（4 729，−472.5，−3.9）m/s，位置矢量为（87 0087，94 168.5，−710.8）m，均以惯性坐标系为参考系。在一级推力下降 45% 的假设条件下（一台发动机完好，一台发动机推力下降 90%），其故障情况认为是理想排气速度不变，而只是质量秒耗量按相应的比率降低。通过计算可以得到如表 4 - 1 所示数据（速度单位为 m/s）。按引力损失一次函数计算，芯二级二次关机点速度为 10.337 km/s；按引力损失二次函数计算，芯二级二次关机点速度为 10.405 km/s。

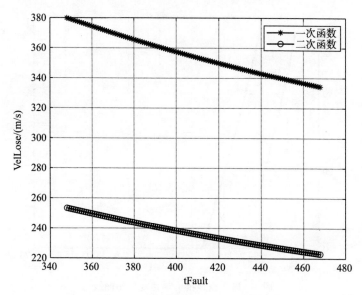

图 4-10　剩余推力 85% 引力损失

表 4-1　故障模式下理想速度和引力损失

时间区间	理想速度	引力损失（当地速度倾角规律）	
		一次函数	二次函数
$t_{10} \sim t_{1k}$	1 935.46	−54.69	−36.46
$t_{210} \sim t_{21k}$	1 261.37	−25.73	−17.16
$t_{220} \sim t_{22k}$	2 592.45	−124.82	−83.22
累积效应	5 789.28	−205.24	−136.84

　　针对故障时间 380 s 和发动机剩余推力比例 55% 的状态进行计算，可以进入近地点高度大于 160 km 的安全轨道，所生成的当地推力加速度倾角和高度随时间变化的曲线如图 4-11 和图 4-12 所示。

　　针对故障时间 380 s 和发动机剩余推力比例 40% 的状态进行计算，可以进入近地点高度大于 160 km 的安全轨道，所生成的当地推力加速度倾角和高度随时间变化的曲线如图 4-13 和图 4-14 所示。

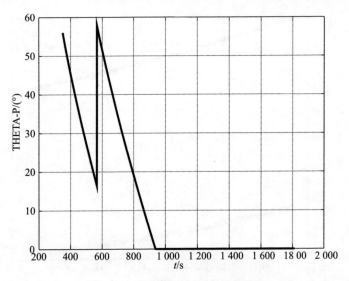

图 4 - 11 当地推力加速度倾角曲线

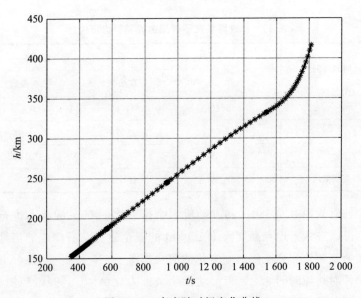

图 4 - 12 高度随时间变化曲线

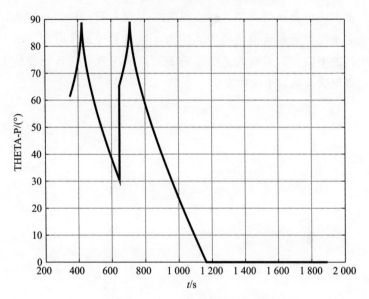

图 4 - 13　当地推力加速度倾角曲线

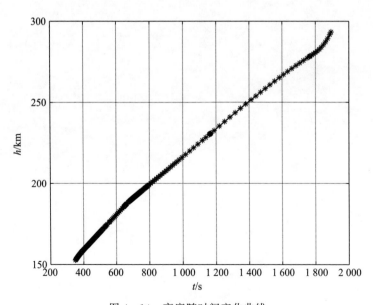

图 4 - 14　高度随时间变化曲线

　　由上述仿真算例可知，推力损失对运载火箭入轨影响较大，达到一定比例时运载火箭将坠毁。然而，推力损失发生时刻、推力损失比例的不同，对运载火箭的影响不同，采用合适的智能评估方法可以避免火箭坠毁事故的发生。

参 考 文 献

[1] 马卫华，包为民，禹春梅，等 . 关于"航天智能控制系统"的认识 [J].
航天控制，2019，37（5）：3 - 8.
[2] 宋征宇，王聪，巩庆海 . 运载火箭上升段推力下降故障的自主轨迹规划
方法 [J]. 中国科学：信息科学，2019，49（11）：1472 - 1487.
[3] Jerome D Yencharis，Robert F Wiley，Robert S Davis，etc. Apollo Experience
Report - Development of Guidance Targeting Techniques for the Command
Module and Launch Vehicle. NASA Technical Note D - 6848，1972.

第 5 章　运载火箭轨迹在线规划

5.1　引言

火箭轨迹在线规划技术主要是指火箭根据任务的实时要求，应对飞行中可能出现的故障、大气层内飞行时的气动影响以及飞行能力不足等复杂情况，自主地实现轨迹规划的技术，最终满足快速、低成本、可靠进入太空的能力。火箭轨迹的在线规划能力将能够广泛应用于多种新型航天任务，包括人类的深空探测、行星着陆以及可重复使用火箭的上升与返回等[1,2]。

轨迹规划问题通常作为一类最优控制问题进行研究，这一问题自 20 世纪 60 年代研究至今，取得了大量的研究成果，产生了诸如基于极大值原理、间接打靶法等的间接法，基于伪谱法、直接打靶法等的直接法，在凸空间范畴的凸优化方法以及遗传算法、粒子群算法等智能优化方法。但是，当火箭面对突发任务、故障情况时，如何基于这些方法，利用箭载计算机快速、可靠地在线求解出最优飞行轨迹，是目前控制理论中的难点[3,4]。

本章主要介绍两种能够在线实现的轨迹规划方法：基于改进间接法的轨迹规划方法和基于模型补偿的序列凸优化方法。其中改进间接法对极大值原理在轨迹规划问题求解中的应用进行了适应性改进，使其能够在线求解；凸优化方法则是利用大容量、高性能箭载计算机具备的强大运算能力与良好的收敛特性，在线进行轨迹优化。另外，在求解轨迹规划问题时，凸优化等数值方法由于其具有的求解方式更加灵活、求解方法更加多样以及可以通过计算机技术明显提高求解速度等优势，已成为轨迹在线规划研究中的主要趋势，且现今数值技术的发展与提高也将为轨迹在线规划技术的进一步革新提供新的视角与合理的工具。

5.2　基于改进间接法的大气层内快速最优轨迹规划技术

众所周知，上升轨迹是否最优对给定有效载荷条件下推进剂消耗或相同总质量条件下的有效载荷重量有重大的影响。因此，上升段制导指令经常采用某些方法进行优化，通过求解最优上升轨迹给出制导指令。

大气层内最优上升轨迹的求解问题可描述为：根据当前的运载火箭状态 r_0 和 V_0，寻找最优的导引指令——发动机关机时间 t_f^* 及体轴方向 $I_b^*(t)$ 与法向方向 $I_n^*(t)$ 随飞行时间的变化规律，使得飞行轨迹在满足终端约束条件的同时，某项性能指标达到最优[5]。考虑的性能指标及终端约束条件如下。

5.2.1　性能指标

性能指标函数定义为

$$J = \phi(m_f, r_f, V_f, t_f) \tag{5-1}$$

式中，m_f、r_f、V_f 分别为运载火箭发动机关机时刻 t_f 的质量及位置、速度。选取的性能指标应使推进剂消耗最小，可选取 $J = t_f$ 或 $J = -m_f$，即飞行时间最短或终端质量最大。二者的最优控制问题是等价的，均获得最小的推进剂消耗。

5.2.2　终端约束

终端约束条件为发动机关机条件，以满足目标任务要求。根据最优控制问题的可解条件，最优上升轨迹的终端约束个数应小于或等于 6。可将终端约束写成如下的统一表达式

$$\psi[r(t_f), V(t_f)] = 0, \quad \psi \in \mathbf{R}^k \tag{5-2}$$

式中　k ——终端约束的个数，$0 < k \leqslant 6$。

　　针对运载火箭终端约束应为：终端状态 $r(t_f)$，$V(t_f)$ 经惯性飞行能够命中目标，即终端状态待增速度为 0。待增速度矢量由三个方向的坐标值表示，所以终端约束个数为 3。

5.2.3　哈密顿函数和极值条件

　　考虑到约束 $I_b^{\mathrm{T}} I_b = 1$，根据最优控制理论，定义哈密顿函数为

$$H = p_r^{\mathrm{T}} V + p_V^{\mathrm{T}} [-r/r^3 + (T - A) I_b + N I_n] + \mu (I_b^{\mathrm{T}} I_b - 1)$$

$$(5 - 3)$$

式中　μ ——标量乘子；

　　　p_r，$p_V \in \mathbf{R}^3$ ——协态变量。

　　以 * 号表示相关变量的最优值，根据极小值原理，最优解的标准必要条件为

$$\dot{p}_r = -\frac{\partial H}{\partial r} \qquad (5 - 4)$$

$$\dot{p}_V = -\frac{\partial H}{\partial V} \qquad (5 - 5)$$

$$H(p_r, p_V, r^*, V^*, I_b^*, t) = \max_{I_b} H(p_r, p_V, r^*, V^*, I_b^*, t)$$

$$(5 - 6)$$

　　最优解还必须满足终端约束条件及如下的横截条件

$$p_r(t_f) = -\frac{\partial \phi(r_f, V_f, t_f)}{\partial r_f} + \left(\frac{\partial \psi}{\partial r_f}\right)^{\mathrm{T}} \xi \qquad (5 - 7)$$

$$p_V(t_f) = -\frac{\partial \phi(r_f, V_f, t_f)}{\partial V_f} + \left(\frac{\partial \psi}{\partial V_f}\right)^{\mathrm{T}} \xi \qquad (5 - 8)$$

式中　$\xi \in \mathbf{R}^k$ ——常值乘子矢量；

　　　ψ ——终端约束条件。

　　联立式（5 - 3）、式（5 - 7）及式（5 - 8）可以消掉未知的乘子矢量 ξ，得到包括终端约束条件在内的 6 个终端边界条件。

5.2.4 优化计算模型

下面将详细给出最优体轴方向、协态变量微分方程的具体表达式。

（1）最优体轴方向

定义 $s = \parallel \boldsymbol{I}_b \times \boldsymbol{I}_{V_r} \parallel$，根据攻角与运载火箭体轴 $\boldsymbol{I}_b$、相对地球速度 $\boldsymbol{V}_r$ 之间的关系有

$$\frac{\partial \alpha}{\partial \boldsymbol{I}_b} = \frac{\cos\alpha}{\sin\alpha} \boldsymbol{I}_b - \frac{1}{\sin\alpha} \boldsymbol{I}_{V_r} \tag{5-9}$$

$$\frac{\partial \boldsymbol{I}_n}{\partial \boldsymbol{I}_b} = \frac{1}{s} \left\{ (\boldsymbol{I}_{V_r}^{\mathrm{T}} \boldsymbol{I}_b) \boldsymbol{I}_3 + \boldsymbol{I}_b \boldsymbol{I}_{V_r}^{\mathrm{T}} + \frac{1}{s^2} [(\boldsymbol{I}_{V_r}^{\mathrm{T}} \boldsymbol{I}_b) \boldsymbol{I}_b - \boldsymbol{I}_{V_r}] [(\boldsymbol{I}_{V_r}^{\mathrm{T}} \boldsymbol{I}_b) \boldsymbol{I}_{V_r} - \boldsymbol{I}_b]^{\mathrm{T}} \right\} \tag{5-10}$$

式中 $\boldsymbol{I}_3$ —— 3×3 的单位矩阵。

控制方程（5-6）的必要条件为

$$\frac{\partial H}{\partial \boldsymbol{I}_b} = 0 \tag{5-11}$$

气动力 A 和 N 均为攻角 α 的函数，也是飞行器体轴 $\boldsymbol{I}_b$ 的函数，因此在推导 $\partial H / \partial \boldsymbol{I}_b$ 过程中不可忽略式（5-3）中的气动力 A 和 N 对 $\boldsymbol{I}_b$ 的导数项。逐步推导可得最优体轴的表达式为

$$\boldsymbol{I}_b^* = \frac{1}{2\mu + \dfrac{b}{\tan\alpha} - \dfrac{aN}{s^2}} \left\{ - \left[T - A + \frac{N(\boldsymbol{I}_{V_r}^{\mathrm{T}} \boldsymbol{I}_b^*)}{s} \right] \boldsymbol{p}_V + \right.$$

$$\left. \left[\frac{b}{\sin\alpha} - \frac{N p_V (\boldsymbol{I}_{V_r}^{\mathrm{T}} \boldsymbol{I}_b^*)}{s} - \frac{aN(\boldsymbol{I}_{V_r}^{\mathrm{T}} \boldsymbol{I}_b^*)}{s^2} \right] \boldsymbol{I}_{V_r} \right\}$$

$$\triangleq c_1(\boldsymbol{x}, \boldsymbol{p}, \boldsymbol{I}_b^*) \boldsymbol{p}_V + c_2(\boldsymbol{x}, \boldsymbol{p}, \boldsymbol{I}_b^*) \boldsymbol{V}_r \tag{5-12}$$

式中，$a = p_V [(\boldsymbol{I}_{V_r}^{\mathrm{T}} \boldsymbol{I}_b)(\boldsymbol{I}_{pV}^{\mathrm{T}} \boldsymbol{I}_b) - (\boldsymbol{I}_{V_r}^{\mathrm{T}} \boldsymbol{I}_{pV})] / s$，$b = -p_V A_\alpha + a N_\alpha$，$A_\alpha = \partial A / \partial \alpha$，$N_\alpha = \partial N / \partial \alpha$；$c_1$ 与 c_2 均为标量，且是运载火箭状态变量、协态变量及最优体轴 $\boldsymbol{I}_b^*$ 的函数。

从式（5-12）可见，运载火箭的最优体轴方向 $\boldsymbol{I}_b^*$ 在协态变量 $\boldsymbol{p}_V$（也称基矢量）与相对地球速度 $\boldsymbol{V}_r$ 组成的平面内，则最优体轴方

向 $\boldsymbol{I}_b^*$ 的求解问题可以简化成在 $\boldsymbol{p}_V$ 和 $\boldsymbol{V}_r$ 平面内的一维搜索问题。定义 $\varPhi$ 为 $\boldsymbol{p}_V$ 和 $\boldsymbol{V}_r$ 之间的夹角，$\boldsymbol{I}_{pV}$、$\boldsymbol{I}_{V_r}$ 分别为 $\boldsymbol{p}_V$、$\boldsymbol{V}_r$ 的单位矢量，如图 5 - 1 所示。

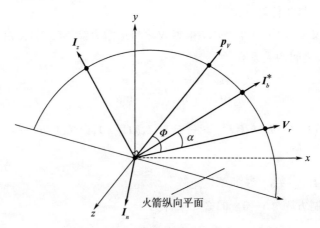

图 5 - 1　运载火箭最优体轴方向

若运载火箭的状态变量与协态变量已知，最优体轴方向 $\boldsymbol{I}_b^*$ 仅是攻角 α 的函数，进一步求解可得到比式（5 - 12）更为简单的结果

$$\tan(\varPhi - \alpha)(T - A + N_\alpha) - (A_\alpha + N) = 0 \qquad (5 - 13)$$

针对运载火箭，一般侧向力系数及其导数均较小，可忽略不计。则推导可得当满足 $\partial H / \partial \alpha = 0$ 时，有

$$\alpha = \varPhi \qquad (5 - 14)$$

从上式求解得到攻角 α 后，可得到最优体轴方向

$$\boldsymbol{I}_b^* = \left(\frac{\sin\alpha}{\sin\varPhi}\right)\boldsymbol{I}_{pV} + \left[\frac{\cos\alpha - \cos\varPhi\cos(\varPhi - \alpha)}{\sin^2\varPhi}\right]\boldsymbol{I}_{V_r} \qquad (5 - 15)$$

由于气动力及其对攻角的导数 A、N、A_α、N_α 均为攻角 α 的函数，方程（5 - 13）不存在解析解，需要采用数值算法进行一维迭代搜索求解，可采用二分法、黄金分割、牛顿迭代等简易算法。

根据 $\varPhi$ 的定义，可得

$$\varPhi = \arccos(\boldsymbol{I}_{pV}^{\mathrm{T}}\boldsymbol{I}_{V_r}) \qquad (5 - 16)$$

该式仅能计算 $\varPhi$ 的大小，不能确定 $\varPhi$ 的符号。由图 5 - 1 可知，

运载火箭最优体轴 $\boldsymbol{I}_b$ 可以定义为

$$\boldsymbol{I}_b = \frac{\boldsymbol{I}_{V_r} \times \boldsymbol{I}_{pV}}{\sin\Phi} \qquad (5-17)$$

从上式可以看出：Φ 角的符号应跟随矢量 $\boldsymbol{I}_{V_r} \times \boldsymbol{I}_{pV}$ 进行改变，若 Φ 的符号不能得到准确的选择，则体轴 $\boldsymbol{I}_y$ 可能翻转 $180°$，这将会导致制导系统产生 $180°$ 的滚转指令。对于轴对称的运载火箭，绕体轴翻转 $180°$ 飞行不影响其飞行轨迹。

确定运载火箭的最优体轴和法向方向后，需进一步转化成姿态角信息才能供轨迹积分计算或制导使用，为此需进行姿态解算。由坐标变换关系可得发射惯性坐标系下的俯仰角、偏航角及滚转角分别为

$$\begin{cases} \varphi_A = \arccos\left(\dfrac{1_{bx}^*}{\cos\psi_A}\right) & \sin\varphi_A = \dfrac{1_{by}^*}{\cos\psi_A} \geqslant 0 \\[3mm] \varphi_A = -\arccos\left(\dfrac{1_{bx}^*}{\cos\psi_A}\right) & \sin\varphi_A = \dfrac{1_{by}^*}{\cos\psi_A} < 0 \end{cases} \qquad (5-18)$$

$$\psi_A = \arcsin(-1_{bz}^*) \qquad (5-19)$$

$$\begin{cases} \gamma_A = \arccos(1_{ny}^* \cos\varphi_A - 1_{nx}^* \sin\varphi_A) & \sin\gamma_A = \dfrac{1_{nz}^*}{\cos\psi_A} \geqslant 0 \\[3mm] \gamma_A = -\arccos(1_{ny}^* \cos\varphi_A - 1_{nx}^* \sin\varphi_A) & \sin\gamma_A = \dfrac{1_{nz}^*}{\cos\psi_A} < 0 \end{cases}$$

$$\qquad (5-20)$$

（2）协态变量微分方程

令 $\rho_r = \partial\rho/\partial r$，$T_r = \partial T/\partial r$，$C_{A_{Ma}} = \partial C_A/\partial Ma$，$C_{N_{Ma}} = \partial C_N/\partial Ma$，$C_{A_a} = \partial C_A/\partial\alpha$，$C_{N_a} = \partial C_N/\partial\alpha$，$C_p = \rho_0 \rho S_{ref} R_0/m(t)$，$a_{pvb} = \boldsymbol{p}_V^{\mathrm{T}} \boldsymbol{I}_b$，$a_{pvn} = \boldsymbol{p}_V^{\mathrm{T}} \boldsymbol{I}_n$，且有

$$A_{\rho r} = \frac{V_r^2 S_{ref} R_0 \rho_0 C_A \rho_r}{2m(t)} \qquad (5-21)$$

$$N_{\rho r} = \frac{V_r^2 S_{ref} R_0 \rho_0 C_N \rho_r}{2m(t)} \qquad (5-22)$$

对矢量求导并根据上面推导得出的最优解进行简化处理，可推

导协态变量微分方程（5-4）和（5-5），得到

$$\dot{\boldsymbol{p}}_r = \boldsymbol{p}_V/r^3 - \left[\frac{3a_{pvb}}{r^4} + a_{pvn}\left(A_{\rho r} - \frac{C_\rho V_s^2 C_{A_{Ma}}}{2V_r}\frac{\partial V_s}{\partial r} - T_r\right) + \right.$$
$$a_{pvn}\left(N_{\rho r} - \frac{C_\rho V_s^2 C_{N_{Ma}}}{2V_r}\frac{\partial V_s}{\partial r}\right)\left]\frac{\boldsymbol{r}}{r} + C_\rho\bar{\omega}_E \times \left\{a_{pvb}\left[\left(C_A + \frac{V_s C_{A_{Ma}}}{2V_r}\right)\boldsymbol{V}_r + \right.\right.$$
$$\left.\frac{C_{A_\alpha}V_r^2}{2}\frac{\partial\alpha}{\partial \boldsymbol{V}}\right] - a_{pvn}\left[\left(C_N + \frac{V_s C_{N_{Ma}}}{2V_r}\right)\boldsymbol{V}_r + \frac{C_{N_\alpha}V_r^2}{2}\frac{\partial\alpha}{\partial \boldsymbol{V}}\right]\right\}$$

$$(5-23)$$

$$\dot{\boldsymbol{p}}_V = -\boldsymbol{p}_r + C_\rho\left[a_{pvb}\left(C_A + \frac{V_s C_{A_{Ma}}}{2V_r}\right) - a_{pvn}\left(C_N + \frac{V_s C_{N_{Ma}}}{2V_r}\right) + \right.$$
$$\left.\frac{\cos\alpha}{2\sin\alpha}(a_{pvb}C_{A_\alpha} - a_{pvn}C_{N_\alpha})\right] \times \boldsymbol{V}_r - \frac{C_\rho V_r}{2\sin\alpha}(a_{pvb}C_{A_\alpha} - a_{pvn}C_{N_\alpha})\boldsymbol{I}_b$$

$$(5-24)$$

式中 V_s ——声速，为高度的函数。

相关变量的导数如下

$$\frac{\partial\alpha}{\partial \boldsymbol{V}} = \frac{\cos\alpha\boldsymbol{I}_{V_r} - \boldsymbol{I}_b}{V_r\sin\alpha}$$

$$\rho_r = -\frac{\rho}{h_s} \qquad\qquad (5-25)$$

$$T_r = \frac{P_a S_{\text{pot}}}{h_s}$$

由于在最优解中，$\boldsymbol{I}_b$、$\boldsymbol{I}_n$ 及 $\boldsymbol{p}_V$ 在同一平面内，且单位矢量 $\boldsymbol{I}_b$ 与 $\boldsymbol{I}_n$ 垂直相交，协态变量微分方程（5-23）已根据下式进行了简化

$$(\boldsymbol{I}_b\boldsymbol{I}_b^{\mathrm{T}} + \boldsymbol{I}_n\boldsymbol{I}_n^{\mathrm{T}} - \boldsymbol{I}_3)\,\boldsymbol{p}_V = 0 \qquad\qquad (5-26)$$

（3）哈密顿两点边值问题模型

根据上述推导，运载火箭大气层内最优上升问题已转换成由状态量与协态变量微分方程组、初始状态条件、终端边界条件构成的哈密顿两点边值问题。定义 $\boldsymbol{x} = (\boldsymbol{r}^{\mathrm{T}},\ \boldsymbol{V}^{\mathrm{T}})^{\mathrm{T}}$，$\boldsymbol{p} = (\boldsymbol{p}_r^{\mathrm{T}},\ \boldsymbol{p}_V^{\mathrm{T}})^{\mathrm{T}}$，$\boldsymbol{y} = (\boldsymbol{x}^{\mathrm{T}},\ \boldsymbol{p}^{\mathrm{T}})^{\mathrm{T}} \in \mathbf{R}^{12}$，模型为

$$\begin{cases} \dot{\boldsymbol{y}} = f(t, \boldsymbol{y}) \\ \boldsymbol{B}_0(\boldsymbol{y}_0) = 0 \\ \boldsymbol{B}_f(\boldsymbol{y}_f) = 0 \end{cases} \tag{5-27}$$

式中　$f(t, \boldsymbol{y})$——状态变量、协态变量微分方程组；

　　　$\boldsymbol{B}_0$——6 个初始状态条件 $x(t_0)$，且 $\boldsymbol{B}_0$ 为已知量；

　　　$\boldsymbol{B}_f$——6 个终端边界条件，且 $\boldsymbol{B}_f$ 为已知量。

运载火箭最优上升哈密顿两点边值问题描述为：寻找协态变量初值 $p(t_0)$，使得微分方程系统 $\dot{\boldsymbol{y}} = f(t, \boldsymbol{y})$ 在终端时刻 t_f 满足边界条件 $\boldsymbol{B}_f = 0$。

5.2.5　基于有限差分＋改进牛顿迭代数值求解算法

由最优控制问题的一阶必要条件得到的运载火箭最优上升哈密顿两点边值问题是非线性的，且模型较复杂，不能采用解析方法进行求解。

目前解两点边值问题常采用的数值方法包括打靶法与有限差分法两种。打靶法直接选择与调整初值条件［协态变量初值 $p(t_0)$］，使得系统前向积分时在终端满足边值条件。其存在如下的缺点：1）对初值敏感性高，其求解变量仅是协态变量初值，其变化对轨迹的影响较大，故需要较为精确的初值估计；2）算法需要进行积分运算，运算量较大。采用多重打靶法可以降低初值敏感性，但仍需积分运算。

有限差分法则是首先把连续的求解区域离散成有限个节点组成的网格，然后采用有限差分公式求解差商代替原方程的导数，最后逼近求解，即用插值多项式及其微分来替代微分方程的解，是一个将微分方程系统转换成非线性方程组进行求解的过程。相比于打靶法，有限差分法的求解变量较多，包括离散节点的状态量与协态变量，即便某些变量的偏差比较大，其影响比求解变量仅是协态变量初值的小，所以有限差分法对初值的敏感性较低，并能更可靠地收敛。且有限差分法涉及的是非线性代数方程组的数值运算，不需积分运算，其在能满足精度要求的同时可保证算法的计算效率。故而，有限差分法是求解运载火箭大气层内最优上升哈密顿两点边值问题的有效方法。下面给出非线性代数方程组的转换过程。

把求解的时间区域 $t_f - t_0$ 分解成 N 个等分区间，每个区间长度为 $h = (t_f - t_0)/N$。令 $\boldsymbol{y}_k = \boldsymbol{y}(t_0 + kh)$ 为在节点 $t_k = t_0 + kh$，$k = 0, \cdots, N$ 上的状态量，即待求解的未知变量并定义 $t_{k+1/2} = t_k + h/2$ 为 t_k 与 t_{k+1} 的中点。则式（5-27）的微分方程组可以通过中心有限差分近似

$$\frac{\boldsymbol{y}_{k+1} - \boldsymbol{y}_k}{t_{k+1} - t_k} = f\left(t_{k+1/2}, \frac{\boldsymbol{y}_{k+1} + \boldsymbol{y}_k}{2}\right), \quad k = 0, \cdots, N-1 \quad (5-28)$$

上述约束可进一步写成

$$\boldsymbol{E}_k(\boldsymbol{y}_k, \boldsymbol{y}_{k+1}) = \boldsymbol{y}_{k+1} - \boldsymbol{y}_k - hf(t_{k+1/2}, \frac{\boldsymbol{y}_{k+1} + \boldsymbol{y}_k}{2}) = 0, \quad k = 0, \cdots, N-1$$
$$(5-29)$$

定义边界条件 $\boldsymbol{E}_J = [\boldsymbol{B}_0^{\mathrm{T}}, \boldsymbol{B}_f^{\mathrm{T}}]^{\mathrm{T}}$，两点边值问题变成 $12(N+1)$ 个非线性代数方程组 $\boldsymbol{E} = (\boldsymbol{E}_0^{\mathrm{T}}, \boldsymbol{E}_1^{\mathrm{T}}, \cdots, \boldsymbol{E}_J^{\mathrm{T}})^{\mathrm{T}}$ 根 $\boldsymbol{Y} = (\boldsymbol{y}_0^{\mathrm{T}}, \boldsymbol{y}_1^{\mathrm{T}}, \cdots, \boldsymbol{y}_J^{\mathrm{T}})^{\mathrm{T}} \in \mathbf{R}^{12(N+1)}$ 的求解问题。

牛顿迭代法求解非线性方程组具有收敛快、稳定性好、精度高等优点，为了保证序列 $\{\|\boldsymbol{E}(\boldsymbol{Y}_j)\|\}$ 单调递减，采用带松弛因子的改进牛顿法来求解非线性方程组 $\boldsymbol{E}$。从初始猜想值 $\boldsymbol{Y}_0$ 开始，迭代公式为

$$\boldsymbol{Y}_j = \boldsymbol{Y}_{j-1} + \sigma_j \boldsymbol{d}_j \quad 0 < \sigma_j \leqslant 1 \quad (5-30)$$

式中，σ_j 为松弛因子，其计算准则如下

$$\sigma_j = \max_{0 \leqslant i}\{\beta^i \mid \boldsymbol{E}^{\mathrm{T}}[\boldsymbol{Y}_{j-1} + \beta^i \boldsymbol{d}_j] \boldsymbol{E}[\boldsymbol{Y}_{j-1} + \beta^i \boldsymbol{d}_j] <$$
$$\boldsymbol{E}^{\mathrm{T}}(\boldsymbol{Y}_{j-1})\boldsymbol{E}(\boldsymbol{Y}_{j-1})\}, 0 < \beta < 1 \quad (5-31)$$

第 j 次迭代的搜索方向 $\boldsymbol{d}_j$ 由下式确定

$$\left[\frac{\partial \boldsymbol{E}(\boldsymbol{Y}_{j-1})}{\partial \boldsymbol{Y}}\right]\boldsymbol{d}_j = -\boldsymbol{E}(\boldsymbol{Y}_{j-1}) \quad j = 1, 2, \cdots \quad (5-32)$$

上式中的雅克比矩阵的数值差分解与公式解析解差别较小，而采用数值差分解可减少代码量，并提高算法对不同总体参数及任务的适应性，因此宜采用数值差分解。

5.3　上升段凸优化方法

　　基于序列凸规划，本节介绍了一种模型补偿序列凸规划方法[3]，该方法不需要初始猜想，其核心思想是在进行初始轨迹规划时，根据飞行任务与飞行器的气动参数特征，将动力学中的非线性项（轴向力加速度、法向力加速度和重力加速度）设为常值或线性变化的值，并将轨迹规划问题转化为一个凸规划问题；然后序列地利用前一次得到的最优轨迹补偿下一次迭代时轨迹规划问题中动力学的非线性项，直到前后两次迭代的最优解范数之差满足一定的收敛域。通过在序列凸规划问题中增加柯西约束，保证得到的序列最优解为一组柯西序列，从而保证了该方法的收敛性。最后针对火箭上升段与着陆段的轨迹规划问题，通过仿真实验，对该算法进行了仿真验证。

　　通过对火箭轨迹规划问题的描述可知，火箭的轨迹规划即是求解最优的推力矢量，使得火箭在满足运动学方程、推力大小约束、端点约束、推进剂约束以及过程约束的情况下，任务结束时消耗推进剂最省或距离预设目标最近。在用控制理论对这一问题进行求解时，首先将其建模为一个最优控制问题

$$\min J = -m(t_f) \text{ or } J = \| (s(t_f) - s_f) \|^2$$

$$\text{subject to}$$

$$\dot{r} = v$$

$$\dot{v} = g + \frac{T}{m} + \frac{A}{m} + \frac{N}{m}$$

$$\dot{m} = -\frac{\| T(t) \|}{I_{sp} g_0}$$

$$s(t_0) = s_0 \in \mathbf{R}^7, r(t_f) = r_f \in \mathbf{R}^3, v(t_f) = v_f \in \mathbf{R}^3$$

$$\text{where } s_0 = [r_0^T, v_0^T, m]^T, r = [x, y, z]^T, v = [v_x, v_y, v_z]^T$$

$$r_{\min} \leqslant r \leqslant r_{\max}, v_{\min} \leqslant v \leqslant v_{\max}$$

$$0 \leqslant T_{\min} \leqslant \| T(t) \| \leqslant T_{\max}, m_{\text{dry}} \leqslant m(t) \leqslant m_0$$

$$\frac{1}{2} \rho \| v \|^2 \leqslant q_{\max}, \frac{\| T \|}{mg} \leqslant a_{\max}, | q\alpha | \leqslant Q_{\alpha \max}$$

$$(5-33)$$

从式（5-33）可以看出，火箭轨迹规划问题是一个典型的非线性最优控制问题，其运动学方程、控制量约束以及过程约束均呈现很强的非线性。根据现有的最优控制求解方法，这一非线性最优控制问题的全局最优解很难实时求解得到。因此，针对火箭轨迹自主规划任务对轨迹实时生成的要求，能够以快速收敛的数值方法，求解该问题的局部最优解，是本书介绍求解方法的主要目标。

5.3.1　模型序列补偿方法

为了快速求解非凸最优控制问题（5-33），本书的思路是将其转化为一个序列凸规划问题，然后利用凸优化方法所具有的快速收敛特性，对该序列凸规划问题进行快速求解。在将非凸最优控制问题转化为序列凸规划问题时，由于轴向力加速度 a、法向力加速度 n 以及重力加速度 g 的复杂非线性特性，难以将其进行直接转化。因此，本节设计了模型序列补偿方法，以迭代的方式对这些非线性项进行逐步逼近，最终收敛到真实的模型。

模型序列补偿方法的实现策略是，在第一次迭代中，将动力学中的非线性项建模为时间的线性函数，并将非凸最优控制问题转化为一个凸规划问题进行求解；然后，在后续迭代中，利用前一次迭代产生的最优解对这些非线性项模型进行序列补偿，直到其收敛到真实模型。

为了便于描述，本节将动力学中的非线性项（包括重力加速度项、气动力项）以一个新的函数形式表示

$$\boldsymbol{\psi}(t) = \boldsymbol{g}(t) + \boldsymbol{a}(t) + \boldsymbol{n}(t) \qquad (5-34)$$

本节在序列迭代补偿方案设计中，每次轨迹优化时，将给出这些非线性项的线性化初始猜想模型，并将前一次得到的结果与采用的线性模型之间的差值，作为补偿项对本次优化的动力学模型进行补偿。具体序列补偿公式可以描述如下

$$\boldsymbol{\psi}^{(k+1)}(t,\boldsymbol{s}^{(k)},\boldsymbol{s}_0,\boldsymbol{s}_f)=\bar{\boldsymbol{g}}^{(k+1)}(t,\boldsymbol{s}_0,\boldsymbol{s}_f)+\delta\boldsymbol{g}^{(k)}(t,\boldsymbol{s}^{(k)},\boldsymbol{s}_0,\boldsymbol{s}_f)$$
$$+\left[\bar{\boldsymbol{a}}^{(k+1)}(t,\boldsymbol{s}_0,\boldsymbol{s}_f)+\delta\boldsymbol{a}^{(k)}(t,\boldsymbol{s}^{(k)},\boldsymbol{s}_0,\boldsymbol{s}_f)\right]$$
$$+\left[\bar{\boldsymbol{n}}^{(k+1)}(t,\boldsymbol{s}_0,\boldsymbol{s}_f)+\delta\boldsymbol{n}^{(k)}(t,\boldsymbol{s}^{(k)},\boldsymbol{s}_0,\boldsymbol{s}_f)\right]$$
$$(5-35)$$

其中，$\boldsymbol{s}^{(k)}$ 为第 k 次迭代产生的最优解，$\bar{\boldsymbol{g}}^{(k+1)}$、$\bar{\boldsymbol{a}}^{(k+1)}$ 与 $\bar{\boldsymbol{n}}^{(k+1)}$ 分别为第 $k+1$ 次迭代时，对重力加速度、轴向力加速度和法向力加速度的线性化初始猜想。$\delta\boldsymbol{g}^{(k)}$、$\delta\boldsymbol{a}^{(k)}$ 与 $\delta\boldsymbol{n}^{(k)}$ 分别为前一次优化得到的结果与采用的线性模型之间的差值，具体公式为

$$\delta\boldsymbol{g}^{(k)}(t,\boldsymbol{s}^{(k)},\boldsymbol{s}_0,\boldsymbol{s}_f)=\boldsymbol{g}^{(k)}(t,\boldsymbol{s}^{(k)})-\bar{\boldsymbol{g}}^{(k)}(t,\boldsymbol{s}_0,\boldsymbol{s}_f)\quad(5-36)$$

$$\delta\boldsymbol{a}^{(k)}(t,\boldsymbol{s}^{(k)},\boldsymbol{s}_0,\boldsymbol{s}_f)=\boldsymbol{a}^{(k)}(t,\boldsymbol{s}^{(k)})-\bar{\boldsymbol{a}}^{(k)}(t,\boldsymbol{s}_0,\boldsymbol{s}_f)\quad(5-37)$$

$$\delta\boldsymbol{n}^{(k)}(t,\boldsymbol{s}^{(k)},\boldsymbol{s}_0,\boldsymbol{s}_f)=\boldsymbol{n}^{(k)}(t,\boldsymbol{s}^{(k)})-\bar{\boldsymbol{n}}^{(k)}(t,\boldsymbol{s}_0,\boldsymbol{s}_f)\quad(5-38)$$

其中，$\boldsymbol{g}^{(k)}(t,\boldsymbol{s}^{(k)})$、$\boldsymbol{a}^{(k)}(t,\boldsymbol{s}^{(k)})$ 与 $\boldsymbol{n}^{(k)}(t,\boldsymbol{s}^{(k)})$ 为第 k 次迭代优化得到轨迹对应的实际重力加速度、轴向力加速度和法向力加速度的值。

从上面分析可以知道，在迭代补偿开始时，首先需要给出这几项非线性加速度的线性初始猜想。由于初始猜想是基于初始状态与终端状态对应的重力加速度、轴向力加速度与法向力加速度且关于时间的线性函数，因此需要针对终端状态全部给定与终端状态自由这两种不同情况，分别进行线性化初始猜想。

（1）情况一：终端状态自由

由于重力加速度随高度变化，在终端高度不固定的情况下，通过任务的初始位置与前一次迭代提供的终端位置，给出重力加速度的线性初始猜想

$$\bar{\boldsymbol{g}}^{(k)}(t)=\boldsymbol{g}_0(t,\boldsymbol{s}_0)+\frac{t-t_0}{t_f-t_0}\left[\boldsymbol{g}_f(t,\boldsymbol{s}_f^{(k-1)})-\boldsymbol{g}_0(t,\boldsymbol{s}_0)\right]$$
$$(5-39)$$

在上升段轨迹规划任务中，气动力变化曲线通常为二次曲线，变化形式并不复杂，也可以利用线性模型对其进行初始猜想，因此，针对终端状态自由情况，本书根据已知的初始状态与攻角，结合前

一次迭代提供的末端状态，求得初始气动力加速度与猜想的终端气动力加速度，从而对其进行时间域上线性化，即

$$\bar{\boldsymbol{a}}^{(k)}(t) = \boldsymbol{a}_0(t, \boldsymbol{s}_0, \alpha_0) + \frac{t - t_0}{t_f - t_0}\left[\boldsymbol{a}_f(t, \boldsymbol{s}_f^{(k-1)}, \alpha_f^{(k-1)}) - \boldsymbol{a}_0(t, \boldsymbol{s}_0, \alpha_0)\right]$$

$$(5-40)$$

$$\bar{\boldsymbol{n}}^{(k)}(t) = \boldsymbol{n}_0(t, \boldsymbol{s}_0, \alpha_0) + \frac{t - t_0}{t_f - t_0}\left[\boldsymbol{n}_f(t, \boldsymbol{s}_f^{(k-1)}, \alpha_f^{(k-1)}) - \boldsymbol{n}_0(t, \boldsymbol{s}_0, \alpha_0)\right]$$

$$(5-41)$$

其中，α_0 为飞行器当前时刻的攻角，$\alpha_f^{(k-1)}$ 为飞行器上一次迭代得到的终端时刻攻角（对于某些任务，该参数为终端约束，此时，该参数设定为终端要求的攻角，即 $\alpha_f^{(k-1)} = \alpha_f$）。

此时，式（5-35）～式（5-41）给出了终端状态自由情况下的迭代补偿公式。

（2）情况二：终端状态给定

在终端状态给定情况下，对重力加速度与气动力加速度的初始猜想可以得到一定程度的简化，由于初始状态与终端状态均为已知，因此不需要利用前一次得到的终端状态对初始猜想进行更新，从而在每次迭代过程中，重力加速度与气动力加速度的线性化初始猜想均是相同的，即

$$\bar{\boldsymbol{g}}^{(k)}(t) = \boldsymbol{g}_0(t, \boldsymbol{s}_0) + \frac{t - t_0}{t_f - t_0}\left[\boldsymbol{g}_f(t, \boldsymbol{s}_f) - \boldsymbol{g}_0(t, \boldsymbol{s}_0)\right], k = 1, \cdots, M$$

$$(5-42)$$

$$\bar{\boldsymbol{a}}^{(k)}(t) = \boldsymbol{a}^{(k)}(t, \boldsymbol{s}_0, \alpha_0) + \frac{t - t_0}{t_f - t_0}\left[\boldsymbol{a}^{(k)}(t, \boldsymbol{s}_f, \alpha_f) - \boldsymbol{a}^{(k)}(t, \boldsymbol{s}_0, \alpha_0)\right], k = 1, \cdots, M$$

$$(5-43)$$

$$\bar{\boldsymbol{n}}^{(k)}(t) = \boldsymbol{n}^{(k)}(t, \boldsymbol{s}_0, \alpha_0) + \frac{t - t_0}{t_f - t_0}\left[\boldsymbol{n}^{(k)}(t, \boldsymbol{s}_f, \alpha_f) - \boldsymbol{n}^{(k)}(t, \boldsymbol{s}_0, \alpha_0)\right], k = 1, \cdots, M$$

$$(5-44)$$

在每次迭代重力加速度与气动力加速度的初始猜想不变的基础上，迭代补偿公式（5-34）可以进一步简化为关于上一次迭代得到

的轨迹状态的函数，表示如下

$$\boldsymbol{\psi}^{(k+1)}(t,\boldsymbol{s}^{(k)})=\boldsymbol{g}^{(k)}(t,\boldsymbol{s}^{(k)})+\boldsymbol{a}^{(k)}(t,\boldsymbol{s}^{(k)})+\boldsymbol{n}^{(k)}(t,\boldsymbol{s}^{(k)})$$

$$(5-45)$$

通过上述补偿方式，可以将非线性非凸最优控制问题（5-33）写为如下最优控制问题

min J

subject to

$$\dot{\boldsymbol{r}}=\boldsymbol{v},\dot{\boldsymbol{v}}=\boldsymbol{u}+\boldsymbol{\psi}^{(k+1)}(t,\boldsymbol{s}^{(k)},\boldsymbol{s}_0,\boldsymbol{s}_f),\dot{Z}=-\gamma\upsilon,$$

$$\boldsymbol{\eta}=(\upsilon(t),\boldsymbol{u}^{\mathrm{T}}(t))^{\mathrm{T}}\in U(t),\boldsymbol{s}\in X(t)$$

$$\boldsymbol{r}(0)=\boldsymbol{r}_0,\boldsymbol{v}(0)=\boldsymbol{v}_0,Z(0)=\ln(m_0)$$

$$\boldsymbol{r}(t_f)=\boldsymbol{r}_f,\boldsymbol{v}(t_f)=\boldsymbol{v}_f$$

$$\frac{1}{2}\rho\parallel\boldsymbol{v}\parallel^2\leqslant q_{\max},\frac{\upsilon}{g}\leqslant a_{\max},\mid q\alpha\mid\leqslant Q_{a\max}$$

$$X(t)=\{\boldsymbol{s}(t)\in\mathbf{R}^7:\boldsymbol{s}_{\min}\leqslant\boldsymbol{s}^{(k)}+\delta\boldsymbol{s}\leqslant\boldsymbol{s}_{\max},Z(t)\geqslant\ln(m_{\mathrm{dry}})\}$$

$$U(t)=\{\boldsymbol{\eta}(t)=(\upsilon(t),\boldsymbol{u}^{\mathrm{T}}(t))^{\mathrm{T}}\in\mathbf{R}^4:0\leqslant T_{\min}\mathrm{e}^{-Z^{[k-1](t)}}\leqslant\upsilon(t)\leqslant$$

$$T_{\max}\mathrm{e}^{-Z^{[k-1](t)}},\boldsymbol{\eta}(t)\geqslant_K\boldsymbol{0}\}$$

$$(5-46)$$

其中，$\boldsymbol{\eta}(t)\geqslant_K\boldsymbol{0}$ 代表一个二阶锥约束，下标 K 代表一个二阶锥，可描述为

$$K_n=\{\boldsymbol{x}=(x_0;\bar{\boldsymbol{x}})\in\mathbf{R}^n\quad x_0\geqslant\parallel\bar{\boldsymbol{x}}\parallel\}$$

总结上述模型补偿方法，表 5-1 所示为设计得到的模型序列补偿迭代流程。

表 5-1　模型序列补偿迭代流程

步骤	模型序列补偿迭代流程
第一步：	根据火箭当前状态与给定的终端状态(终端状态未给定时，则令其为预想达到的终端状态)，给出重力加速度和气动力加速度的线性猜想 $\bar{\boldsymbol{g}}(\boldsymbol{s}^{(k)})$、$\bar{\boldsymbol{a}}(\boldsymbol{s}^{(k)})$ 和 $\bar{\boldsymbol{n}}(\boldsymbol{s}^{(k)})$；

续表

第二步：	基于线性化后的重力/气动力加速度猜想值,利用无损凸化与变量替换技术,将轨迹规划问题转化为凸规划问题,并进行求解后储存为轨迹 k ,轨迹状态为 $s^{(k)}$;
第三步：	计算轨迹 k 上状态 $s^{(k)}$ 对应的重力/气动力加速度值 $g(s^{(k)})$ 、$a(s^{(k)})$ 和 $n(s^{(k)})$ 与猜想的重力/气动力加速度的差 $\delta g(s^{(k)})$ 、$\delta a(s^{(k)})$ 和 $\delta n(s^{(k)})$ 。并利用式(5-35)或式(5-45)将 $\delta g(s^{(k)})$ 、$\delta a(s^{(k)})$ 和 $\delta n(s^{(k)})$ 补偿到最优控制问题(5-46)的建模中;
第四步：	求解式(5-46),得到轨迹 $k+1$;
第五步：	如果轨迹 $k+1$ 与轨迹 k 中对应状态的差小于允许的阈值,则停止程序;否则,令 $k=k+1$,并根据火箭当前状态与上一次迭代得到的终端状态,给出重力加速度和气动力加速度的线性猜想 $\bar{g}(s^{(k)})$ 、$\bar{a}(s^{(k)})$ 和 $\bar{n}(s^{(k)})$,返回第二步。

5.3.2　过程约束的序列凸化

在模型补偿序列方法中,需要对大气层内火箭轨迹规划问题(5-46)进行序列求解,该问题中的过程约束为非凸约束,因此,本节将研究对这些过程约束进行凸化的方法。

在本章研究的模型补偿序列凸规划方法中,对过程约束的凸化采用了利用前一次迭代产生的最优解对后续迭代中的过程约束进行序列凸化的策略。主要包括:

(1) 动压约束

$$q = \frac{1}{2}\rho \parallel v \parallel^2 \leqslant q_{\max} \Rightarrow q = \frac{1}{2}\rho_0 \mathrm{e}^{-\frac{h}{H}}(v_x^2 + v_y^2 + v_z^2) \leqslant q_{\max}$$

$$(5-47)$$

其中, H 为大气密度常数。从动压约束的数学表达式可知,运载火箭所受到的动压是其高度和速度的函数,为了说明该约束是否为凸约束,下面给出动压函数对高度和速度的海森阵

$$\nabla^2 q = \begin{bmatrix} \dfrac{q}{H^2} & -\dfrac{\rho}{H}v_x & -\dfrac{\rho}{H}v_y & -\dfrac{\rho}{H}v_z \\[3mm] -\dfrac{\rho}{H}v_x & \rho & 0 & 0 \\[3mm] -\dfrac{\rho}{H}v_y & 0 & \rho & 0 \\[3mm] -\dfrac{\rho}{H}v_z & 0 & 0 & \rho \end{bmatrix} \qquad (5-48)$$

根据火箭飞行动力学特征，对式（5-48）进行分析可知，动压函数的海森阵不能保证为一个正定矩阵，动压函数不是一个凸函数，因此，动压约束（5-47）不是一个凸约束。

为了满足本章所提出的算法在求解最优控制问题时对凸模型的需求，本章利用前一次迭代得到的最优解，对动压约束进行如下近似

$$\frac{1}{2}\rho \parallel v \parallel^2 \leqslant q_{\max} \Rightarrow \frac{1}{2}\left(\frac{1}{2}\rho(s^{(k)})\parallel v \parallel^2 + \frac{1}{2}\rho v(s^{(k)})^2\right) \leqslant q_{\max}$$
$$(5-49)$$

（2）轴向加速度约束

根据前文所述的变量替换方法，轴向加速度约束可以基于前一次迭代得到的重力加速度，写为

$$\frac{\parallel T \parallel}{mg} \leqslant a_{\max} \Rightarrow v \leqslant a_{\max} g^{(k)} \qquad (5-50)$$

因此，轴向加速度约束可以简单地转化为凸约束。

（3）弯矩约束

$$|q(s^{(k)})\alpha| \leqslant Q_{\alpha\max}$$
$$\Rightarrow |\alpha| \leqslant \frac{Q_{\alpha\max}}{q(s^{(k)})} \qquad (5-51)$$
$$\Rightarrow \cos\alpha \geqslant \cos\frac{Q_{\alpha\max}}{q(s^{(k)})}$$

根据 $\cos\alpha = u^T v = (u_x v_x + u_y v_y + u_z v_z)/\parallel v \parallel$，并代入前一次迭代得到的速度，可知

$$u_x v_x^{(k)} + u_y v_y^{(k)} + u_z v_z^{(k)} \geqslant \cos \frac{Q_{a\max} \parallel \boldsymbol{v}^{(k)} \parallel}{q(\boldsymbol{s}^{(k)})} \qquad (5-52)$$

此时，通过利用前一次迭代的最优轨迹结果将弯矩约束转化为凸约束。

经过上述分析可知，在考虑大气作用产生的动压、轴向过载和弯矩等过程约束时，可以利用前一次迭代得到的最优解对后一次迭代中的过程约束进行序列凸化的方式，完成整个迭代过程中过程约束的凸化。且知，在后一次迭代中，过程约束形成的设计变量的可行域为

$$P(h) = \{\boldsymbol{u} \in \mathbf{R}^3, \boldsymbol{v} \in \mathbf{R}^3 : \frac{1}{2}\left(\frac{1}{2}\rho(\boldsymbol{s}^{(k)})v^2 + \frac{1}{2}\rho v(\boldsymbol{s}^{(k)})^2\right) \leqslant q_{\max},$$

$$\sigma \leqslant a_{\max}g^{(k)}, u_x v_x^{(k)} + u_y v_y^{(k)} + u_z v_z^{(k)} \geqslant \cos \frac{Q_{a\max} \parallel \boldsymbol{v}^{(k)} \parallel}{q(\boldsymbol{s}^{(k)})}\}$$

$$(5-53)$$

5.3.3　凸模型下的大气层内火箭轨迹规划问题

从前面的 5.3.1～5.3.2 节可以看出，本书对控制量约束采用变量替换与松弛的方法进行了凸化，采用迭代补偿方案将动力学模型描述为线性模型，对过程约束通过迭代过程中的最优解进行了序列凸化。至此，可以将非凸的大气层内火箭轨迹规划问题（5-33）建模为凸最优控制问题（5-46）。

针对不同的问题，式（5-46）中描述的最优控制问题有不同的调整。正如 5.3.1 节所述，对于终端状态自由情况与终端状态给定情况，建立的线性凸最优控制问题分别为：

1）终端状态自由情况（如距离目标最近火箭上升段轨迹规划问题），动力学中非线性项的猜想与补偿方案 $\boldsymbol{\psi}^{(k+1)}$ 采用由式（5-39）～式（5-41）所描述的迭代补偿公式。

2）终端状态给定情况（如最省推进剂火箭着陆轨迹规划问题），动力学中非线性项的猜想与补偿方案 $\boldsymbol{\psi}^{(k+1)}$ 采用由式（5-42）～式（5-45）所描述的迭代补偿公式，并且在线性凸最优控制问题中，

需要增加端点约束：$s(t_f) = s_f$。

终端状态自由情况与终端状态给定情况是火箭轨迹规划问题中两种常见的情况，如距离目标最近火箭上升段轨迹规划问题，需要优化终端的状态，使其距离目标状态最近，是一种终端状态自由的情况；最省推进剂火箭着陆轨迹规划问题则是通过优化推进剂最省，使得火箭以给定的速度安全着陆到指定位置，此时终端位置、速度均为端点约束，是一种终端状态给定的情况。

$$\min \ J(t_f, s_0, s(t_f), \boldsymbol{\eta})$$

subject to

$$\dot{\boldsymbol{r}} = \boldsymbol{v}$$

$$\dot{\boldsymbol{v}} = \boldsymbol{g} + \frac{\boldsymbol{T}}{m} + \frac{\boldsymbol{D}}{m} + \frac{\boldsymbol{L}}{m}$$

$$\dot{m} = -\frac{\|\boldsymbol{T}(t)\|}{I_{sp}g_0}$$

$$\boldsymbol{T} \in U(t), s \in X(t), [s, \boldsymbol{T}] \in P(t)$$

$$s(t_0) = s_0$$

where $s = [\boldsymbol{r}^{\mathrm{T}}, \boldsymbol{v}^{\mathrm{T}}, m]^{\mathrm{T}}$,

$$\boldsymbol{r} = [x, y, z]^{\mathrm{T}}, \boldsymbol{v} = [v_x, v_x, v_x]^{\mathrm{T}},$$

$$U(t) = \{\boldsymbol{T}(t) \in \mathbf{R}^3 : 0 \leqslant T_{\min} \leqslant \|\boldsymbol{T}(t)\| \leqslant T_{\max}\}$$

$$X(t) = \{s(t) \in \mathbf{R}^7 : |v_x(t)| \leqslant \bar{v}_x, |v_y(t)| \leqslant \bar{v}_y, |v_z(t)| \leqslant \bar{v}_z,$$

$$|x(t)| \leqslant \bar{x}, |y(t)| \leqslant \bar{y}, |z(t)| \leqslant \bar{z}, m(t) \geqslant m_{\mathrm{dry}}\}$$

$$P(t) = \{\boldsymbol{T} \in \mathbf{R}^3, s \in \mathbf{R}^7 : \frac{1}{2}\rho \|\boldsymbol{v}\|^2 \leqslant q_{\max}, \frac{\|\boldsymbol{T}\|}{mg} \leqslant a_{\max},$$

$$|q(s)\alpha| = \frac{1}{2}\rho \|\boldsymbol{v}\|^2 \arccos\left(\frac{\boldsymbol{v}(t)^{\mathrm{T}}\boldsymbol{T}(t)}{\|\boldsymbol{v}\| \times \|\boldsymbol{T}(t)\|}\right) \leqslant Q_{\alpha\max}\}$$

$$(5-54)$$

$$\min J(t_f, s_0, s(t_f), \boldsymbol{\eta})$$

subject to

$$\dot{\boldsymbol{r}} = \boldsymbol{v}$$

$$\dot{\boldsymbol{v}} = \boldsymbol{u} + \boldsymbol{\psi}^{(k+1)}$$

$$\dot{Z} = -\gamma \upsilon$$

$$\boldsymbol{\eta} \in U(t), \boldsymbol{s} \in X(t)$$

$$[\boldsymbol{s}, \boldsymbol{\eta}] \in P(t)$$

$$\boldsymbol{s}(t_0) = \boldsymbol{s}_0$$

where $\boldsymbol{s} = [\boldsymbol{r}^T, \boldsymbol{v}^T, Z]^T, \boldsymbol{\eta} = [\boldsymbol{u}^T, \upsilon]^T$

$$\boldsymbol{r} = [x, y, z]^T, \boldsymbol{v} = [v_x, v_x, v_x]^T,$$

$$U(t) = \{\boldsymbol{\eta}(t) = (\upsilon(t), \boldsymbol{u}^T(t))^T \in \mathbf{R}^4 :$$

$$0 \leqslant T_{\min} e^{-Z^{[k]}(t)} \leqslant \upsilon(t) \leqslant T_{\max} e^{-Z^{[k]}(t)}$$

$$\boldsymbol{\eta}(t) \geqslant_K \mathbf{0}\}$$

$$X(t) = \{\boldsymbol{s}(t) \in \mathbf{R}^7 : \boldsymbol{s}_{\min} \leqslant \boldsymbol{s}^{(k)} \leqslant \boldsymbol{s}_{\max}, Z(t) \geqslant \ln(m_{dry})\}$$

$$P(t) = \{\boldsymbol{u} \in \mathbf{R}^3, \boldsymbol{v} \in \mathbf{R}^3 :$$

$$\frac{1}{2}\left(\frac{1}{2}\rho(\boldsymbol{s}^{(k)}) \| \boldsymbol{v} \|^2 + \frac{1}{2}\rho\upsilon(\boldsymbol{s}^{(k)})^2\right) \leqslant q_{\max},$$

$$\upsilon \leqslant a_{\max} g^{(k)},$$

$$u_x v_x^{(k)} + u_y v_y^{(k)} + u_z v_z^{(k)} \geqslant \cos\frac{Q_{\alpha\max} \| \boldsymbol{v}^{(k)} \|}{q(\boldsymbol{s}^{(k)})}\}$$

$$(5-55)$$

5.3.4　离散线性凸最优控制问题

本节中，我们采用等间隔方法，对凸最优控制问题（5-55）进行离散。通过将时间区间进行离散并将最优控制问题中的各种约束限制在每个离散点上的方式，将无穷维的连续线性凸最优控制问题转化为有限维的参数优化问题。由于该最优控制问题中的约束均为线性约束或二阶锥约束，因此，离散后将得到一个二阶锥规划问题，从而可以使用有效的凸优化求解方法对其进行实时求解。

首先将式（5-55）描述的凸最优控制问题以紧凑格式简写为

$$\min J(t_f, s_0, s(t_f), \boldsymbol{\eta})$$

subject to

$$\dot{s} = A_c s + B_c \boldsymbol{\eta} + C_c \boldsymbol{\psi}^{(k+1)}$$

$$s(t_0) = s_0, s(t_f) = s_f \text{（根据任务，确定该约束）} \tag{5-56}$$

$$\boldsymbol{\eta} \in U(t), Z \in X(t)$$

$$[s, \boldsymbol{\eta}] \in P(t)$$

其中，状态量、控制量分别为 $s = [x, y, z, v_x, v_y, v_z, Z]^T$，$\boldsymbol{\eta} = (\boldsymbol{u}^T, v)^T$，矩阵 A_c、B_c 和 C_c 分别为

$$A_c = \begin{bmatrix} \mathbf{0}_{3\times 3} & \boldsymbol{I}_{3\times 3} & 0 \\ \mathbf{0}_{3\times 3} & \mathbf{0}_{3\times 3} & 0 \\ 0 & 0 & 0 \end{bmatrix} \tag{5-57}$$

$$B_c = \begin{bmatrix} \mathbf{0}_{3\times 3} & 0 \\ \boldsymbol{I}_{3\times 3} & 0 \\ 0 & -\gamma \end{bmatrix} \tag{5-58}$$

$$C_c = \begin{bmatrix} \mathbf{0}_{3\times 3} \\ \boldsymbol{I}_{3\times 3} \\ 0 \end{bmatrix} \tag{5-59}$$

对于给定的时间区间 $[0, t_f]$，取等间隔时间区间为 Δt，那么每个离散点对应的时刻为

$$t_k = n\Delta t, n = 0, \cdots, N \tag{5-60}$$

其中，$N = \dfrac{t_f}{\Delta t}$ 为离散点的个数。控制变量采用零阶保持，即在时间区间 $t \in [t_n, t_{n+1})$ 内，控制量为 $\boldsymbol{\eta}_n = \boldsymbol{\eta}(t_n)$。

基于上述状态变量与控制变量的离散和已知的时间区间，式（5-60）所描述的连续凸最优控制问题可以转化为一个离散凸最优控制问题

$$\min J(t_f, s_0, s_N, \boldsymbol{\eta})$$

$$\text{subject to}$$

$$s_{n+1}^{(k+1)} = A s_n^{(k+1)} + B \boldsymbol{\eta}^{(k+1)} + C \boldsymbol{\psi}^{(k+1)}, n = 0, \cdots, N-1$$

$$s_0^{(k+1)}(t_0) = s_0, s_0^{(k+1)}(t_f) = s_f (根据任务, 确定该约束)$$

$$\boldsymbol{\eta}_n^{(k+1)} \in U_n, s_n^{(k+1)} \in X_n,$$

$$[s_n^{(k+1)}, \boldsymbol{\eta}_n^{(k+1)}] \in P_n, n = 0, \cdots, N-1$$

$$(5-61)$$

其中，上标 $(k+1)$ 代表第 $(k+1)$ 次迭代，即当前迭代，下标 n 代表第 n 个离散点，飞行时间 t_f 也是一个设计变量，但在离散线性凸最优控制问题中，将其看作是一个已知量。由式（5-61）确定的最优控制问题中的动力学方程可以看作是一个线性时不变方程。仅有 $\boldsymbol{\psi}^{(k+1)}$ 会随着时间改变，但其各离散点的值均已知。性能指标函数为关于终端状态的凸函数（如距离目标最近问题或最省推进剂问题），可以将其离散为关于最后一个离散点处状态的函数，该函数的凸性不变。控制变量约束和状态变量约束的凸集可行域 U_n，X_n 以及 P_n 在离散后仍然为凸集空间。因此，可以认为式（5-61）这一离散凸最优控制问题可以逼近原连续凸最优控制问题（5-56）。

式（5-61）中的离散状态空间矩阵为

$$A = e^{A_c \Delta t}, B = \int_0^{\Delta t} e^{A_c \tau} B_c d\tau, C = \int_0^{\Delta t} e^{A_c \tau} C_c d\tau \quad (5-62)$$

其中，矩阵 A_c、B_c 和 C_c 分别为原连续凸最优控制问题（5-56）中的状态矩阵。

从式（5-61）可以看出，每个离散点的状态均通过前一个离散点表示，由于每个离散点的状态变量均为设计变量，因此这种后一离散点的设计变量由前面所有设计变量表示的方式，会造成设计变量约束形式复杂的问题，为了进一步简化该约束，本节将其描述为紧凑结构形式。首先，给出下面的定义：

定义1：（离散可行设计变量）在每个离散点处的状态变量和控制变量 s_n，$\boldsymbol{\eta}_n$，$n = 1, \cdots, N$，满足动力学约束，过程约束，边界约束以及均在可行凸集内，那么所有离散点处的状态变量 $\boldsymbol{S}$ 和控制变量 $\boldsymbol{\Theta}$ 成为离散可行设计变量 $\boldsymbol{Y}$，符号表示如下

$$
\begin{cases}
\boldsymbol{S} \triangleq [\boldsymbol{s}_0^{\mathrm{T}}, \boldsymbol{s}_1^{\mathrm{T}}, \cdots, \boldsymbol{s}_N^{\mathrm{T}}]^{\mathrm{T}} \\
\boldsymbol{\Theta} \triangleq [\boldsymbol{\eta}_0^{\mathrm{T}}, \boldsymbol{\eta}_1^{\mathrm{T}}, \cdots, \boldsymbol{\eta}_N^{\mathrm{T}}]^{\mathrm{T}} \\
\boldsymbol{Y} = [\boldsymbol{S}^{\mathrm{T}}, \boldsymbol{\Theta}^{\mathrm{T}}]^{\mathrm{T}}
\end{cases}
\tag{5-63}
$$

由定义 1 可知，离散可行设计变量 $\boldsymbol{Y}$ 的维度为：$N_Y = (N + 1)(N_s + N_\Theta)$。状态变量 $\boldsymbol{S}$ 和控制变量 $\boldsymbol{\Theta}$ 对应的可行域由原可行域 $\boldsymbol{\eta}_n^{(k+1)} \in U_n$，$\boldsymbol{s}_n^{(k+1)} \in X_n$，$[\boldsymbol{s}_n^{(k+1)}, \boldsymbol{\eta}_n^{(k+1)}] \in P_n$，进行相应的增广，定义新的可行域为

$$
\begin{cases}
D_{\boldsymbol{\eta}} : U_0 \times U_1 \times \cdots \times U_N \\
D_s : X_0 \times X_1 \times \cdots \times X_N \\
D_P : P_0 \times P_1 \times \cdots \times P_N
\end{cases}
\tag{5-64}
$$

此时，以紧凑结构形式，利用定义 1 中的离散可行设计变量，将离散凸最优控制问题（5-61）重新描述为

$$
\min J(t_f, \boldsymbol{S}, \boldsymbol{\Theta})
$$

subject to

$$
\boldsymbol{S}^{(k+1)} = \boldsymbol{F}_A \boldsymbol{s}_0 + \boldsymbol{F}_B \boldsymbol{\Theta}^{(k+1)} + \boldsymbol{F}_C \boldsymbol{\Psi}^{(k+1)},
$$
$$
\boldsymbol{s}_0^{(k+1)}(t_f) = \boldsymbol{s}_f \text{（根据任务，确定该约束）}
\tag{5-65}
$$
$$
\boldsymbol{\Theta}^{(k+1)} \in D_{\boldsymbol{\eta}}, Z^{(k+1)} \in D_s,
$$
$$
[\boldsymbol{S}^{(k+1)}, \boldsymbol{\Theta}^{(k+1)}] \in D_P,
$$

其中

$$
\boldsymbol{F}_A = \begin{bmatrix} I_{7\times7} \\ \boldsymbol{A} \\ \boldsymbol{A}^2 \\ \vdots \\ \boldsymbol{A}^N \end{bmatrix}
\boldsymbol{F}_B = \begin{bmatrix}
0 & 0 & 0 & \cdots & \cdots & 0 \\
\boldsymbol{B} & 0 & 0 & \cdots & \cdots & 0 \\
\boldsymbol{AB} & \boldsymbol{B} & 0 & \cdots & \cdots & 0 \\
\boldsymbol{A}^2\boldsymbol{B} & \boldsymbol{AB} & \boldsymbol{B} & \cdots & \cdots & 0 \\
\vdots & \vdots & \vdots & \cdots & \cdots & 0 \\
\boldsymbol{A}^{N-1}\boldsymbol{B} & \boldsymbol{A}^{N-2}\boldsymbol{B} & \boldsymbol{A}^{N-3}\boldsymbol{B} & \cdots & \cdots & \boldsymbol{B}
\end{bmatrix}
\tag{5-66}
$$

$$F_C = \begin{bmatrix} 0 & 0 & 0 & \cdots & \cdots & 0 \\ C & 0 & 0 & \cdots & \cdots & 0 \\ AC & C & 0 & \cdots & \cdots & 0 \\ A^2C & AC & C & \cdots & \cdots & 0 \\ \vdots & \vdots & \vdots & \cdots & \cdots & 0 \\ A^{N-1}C & A^{N-2}C & A^{N-3}C & \cdots & \cdots & C \end{bmatrix} \quad \boldsymbol{\Psi}^{(k+1)} = \begin{bmatrix} 0 \\ \boldsymbol{\psi}_0^{(k+1)} \\ \boldsymbol{\psi}_1^{(k+1)} \\ \vdots \\ \boldsymbol{\psi}_{N-1}^{(k+1)} \end{bmatrix}$$

$$(5-67)$$

该方式能够采用并行计算方式，每个离散点的状态可以同时从初始状态通过转移矩阵获得，从而进一步简化了动力学离散后的等式约束。

5.3.5　模型补偿序列凸规划算法设计

为了保证模型补偿序列凸规划算法的收敛性，本章对离散凸最优控制问题进行模型补偿迭代过程中，增加了柯西约束：$\| \boldsymbol{Y}^{(k+1)} - \boldsymbol{Y}^{(k)} \| \leqslant \kappa \| \boldsymbol{Y}^{(k)} - \boldsymbol{Y}^{(k-1)} \|$，并采用离散凸优化自映射迭代算子 φ：$Q \subseteq \mathbf{R}^{NY} \to Q \subseteq \mathbf{R}^{NY}$，通过算子运算 $\boldsymbol{Y}^{(k+1)} = \varphi(\boldsymbol{Y}^{(k)})$ 进行模型补偿迭代过程中可行设计变量 $\boldsymbol{Y}^{(k)}$ 的更新。

首先，针对需要求解的离散凸最优控制问题（5-65），对其模型补偿迭代过程，设置柯西约束，令 $0 < \kappa < 1$

$$\begin{cases} \| \boldsymbol{S}^{(k+1)} - \boldsymbol{S}^{(k)} \| \leqslant \kappa \| \boldsymbol{S}^{(k)} - \boldsymbol{S}^{(k-1)} \| \\ \| \boldsymbol{\Theta}^{(k+1)} - \boldsymbol{\Theta}^{(k)} \| \leqslant \kappa \| \boldsymbol{\Theta}^{(k)} - \boldsymbol{\Theta}^{(k-1)} \| \end{cases} \quad (5-68)$$

形成新的离散凸最优控制问题如下：

带柯西约束的推进剂最省离散线性凸最优控制问题

$$\min -Z_N$$
$$\text{subject to}$$
$$\boldsymbol{S}^{(k+1)} = \boldsymbol{F}_A \boldsymbol{s}_0 + \boldsymbol{F}_B \boldsymbol{\Theta}^{(k+1)} + \boldsymbol{F}_C \boldsymbol{\Psi}^{(k+1)},$$
$$\boldsymbol{s}_0^{(k+1)}(t_f) = \boldsymbol{s}_f$$
$$\boldsymbol{\Theta}^{(k+1)} \in D_{\boldsymbol{\eta}}, \boldsymbol{S}^{(k+1)} \in D_s, \quad (5-69)$$
$$[\boldsymbol{S}^{(k+1)}, \boldsymbol{\Theta}^{(k+1)}] \in D_P,$$
$$\| \boldsymbol{S}^{(k+1)} - \boldsymbol{S}^{(k)} \| \leqslant \kappa \| \boldsymbol{S}^{(k)} - \boldsymbol{S}^{(k-1)} \|$$
$$\| \boldsymbol{\Theta}^{(k+1)} - \boldsymbol{\Theta}^{(k)} \| \leqslant \kappa \| \boldsymbol{\Theta}^{(k)} - \boldsymbol{\Theta}^{(k-1)} \|$$

带柯西约束的距离目标最近离散线性凸最优控制问题

$$\min \; \| \boldsymbol{\omega}(\boldsymbol{s}(t_f) - \boldsymbol{s}_f) \|$$

subject to

$$\boldsymbol{S}^{(k+1)} = \boldsymbol{F}_A \boldsymbol{s}_0 + \boldsymbol{F}_B \boldsymbol{\Theta}^{(k+1)} + \boldsymbol{F}_C \boldsymbol{\Psi}^{(k+1)},$$

$$\boldsymbol{\Theta}^{(k+1)} \in D_{\boldsymbol{\eta}}, \boldsymbol{S}^{(k+1)} \in D_s, \qquad\qquad (5-70)$$

$$[\boldsymbol{S}^{(k+1)}, \boldsymbol{\Theta}^{(k+1)}] \in D_P,$$

$$\| \boldsymbol{S}^{(k+1)} - \boldsymbol{S}^{(k)} \| \leqslant \kappa \| \boldsymbol{S}^{(k)} - \boldsymbol{S}^{(k-1)} \|$$

$$\| \boldsymbol{\Theta}^{(k+1)} - \boldsymbol{\Theta}^{(k)} \| \leqslant \kappa \| \boldsymbol{\Theta}^{(k)} - \boldsymbol{\Theta}^{(k-1)} \|$$

对于距离目标最近问题，由于不需要考虑不可达的情况，因此，通过模型补偿迭代，不断求解问题（5-70），并在每次迭代时，更新 $\boldsymbol{\Psi}^{(k+1)}$，直到收敛到一个定点最优解 $\boldsymbol{Y}^* = \varphi(\boldsymbol{Y}^*)$。在本章所提出的模型补偿序列凸规划算法中，当 $\max(\boldsymbol{s}^{(k+1)} - \boldsymbol{s}^{(k)}) < \vartheta$ 时，即可认为算法收敛，其中，ϑ 为设定的状态收敛阈值。最后得到的距离目标最近模型补偿序列凸规划算法流程见表 5-2。

表 5-2　距离目标最近模型补偿序列凸规划算法流程

距离目标最近模型补偿序列凸规划算法	
第一步	初始化：令 $k = 0$，给定一组动力学非线性项的线性化初始猜想，$\boldsymbol{\Psi}^{(k+1)}$。
第二步	优化：式（5-70）所描述带柯西约束的距离目标最近离散凸最优控制问题（$k = 0$ 时不考虑柯西约束），得到状态量 $\boldsymbol{s}^{(k+1)}$ 与控制量 $\boldsymbol{\eta}^{(k+1)}$。
第三步	计算：$\delta \boldsymbol{s}^{(k+1)} = \boldsymbol{s}^{(k+1)} - \boldsymbol{s}_f^{(k)}$。
第四步	判断：如果 $\max(\delta \boldsymbol{s}^{(k+1)}) < \vartheta$，停止迭代；否则，令 $k = k+1$，更新 $\boldsymbol{\Psi}^{(k+1)}$，并返回第二步。

对于推进剂最省问题，需要考虑不可达的情况，因此，在进行算法设计时，首先需要将推进剂最省问题转化为相应的计算距离最近问题，并进行求解，如果该距离最近问题的性能指标能够收敛到预设阈值 ε 内，即 $\| \boldsymbol{\omega}(\boldsymbol{s}_N - \boldsymbol{s}_f) \|^2 \leqslant \varepsilon$，则进行问题（5-69）的求解，否则利用式（5-70）得到的最优控制量作为新的控制指令。

最后，通过模型补偿迭代，对离散凸最优控制问题进行重复求解，直到收敛到一个定点最优解 $\boldsymbol{Y}^* = \varphi(\boldsymbol{Y}^*)$。与距离目标最近模型补偿序列凸规划算法相同，当 $\max(\boldsymbol{s}^{(k+1)} - \boldsymbol{s}^{(k)}) < \vartheta$ 时，即可认为算法收敛。最终可得模型补偿序列凸规划算法流程如表 5 – 3 所示。

表 5 – 3　推进剂最省模型补偿序列凸规划算法流程

	推进剂最省模型补偿序列凸规划算法
第一步	初始化：令 $k = 0$，给定一组动力学非线性项的线性化初始猜想，$\boldsymbol{\Psi}^{(k+1)}$。
第二步	优化：式（5 – 70）所描述带柯西约束的距离目标最近离散凸最优控制问题（$k = 0$ 时不考虑柯西约束），得到状态量 $\boldsymbol{s}_d^{(k+1)}$ 与控制量 $\boldsymbol{\eta}_d^{(k+1)}$，并计算最优性能函数值 $d = \parallel \omega(\boldsymbol{s}_N - \boldsymbol{s}_f) \parallel^2$
第三步	判断：如果 $d \leqslant \varepsilon$，求解式（5 – 69）描述的最省燃料离散凸最优控制问题（$k = 0$ 时不考虑柯西约束），得到状态量 $\boldsymbol{s}^{(k+1)}$ 与控制量 $\boldsymbol{\eta}^{(k+1)}$。如果 $d > \varepsilon$，则将第二步得到的最优解作为新的解，即 $\boldsymbol{s}^{(k+1)} = \boldsymbol{s}_d^{(k+1)}$，$\boldsymbol{\eta}^{(k+1)} = \boldsymbol{\eta}_d^{(k+1)}$。
第四步	计算：求解 $\delta \boldsymbol{s}_f^{(k+1)} = \boldsymbol{s}_f^{(k+1)} - \boldsymbol{s}_f^{(k)}$。
第五步	判断：如果 $\max(\delta \boldsymbol{s}_f^{(k+1)}) < \vartheta$，停止迭代；否则，令 $k = k + 1$，更新 $\boldsymbol{\Psi}^{(k)}$，并返回第二步。

定理 1：当给定的初始离散设计变量在可行域内时，即 $\boldsymbol{Y}^{(0)} \in Q \subseteq \mathbf{R}^{NY}$，模型补偿序列凸规划算法在有限次迭代后能够收敛到定点最优解 $\boldsymbol{Y}^* \in Q$。

证明：由于本书提出的模型补偿序列凸规划算法增加了柯西约束

$$\begin{cases} \parallel \boldsymbol{S}^{(k+1)} - \boldsymbol{S}^{(k)} \parallel \leqslant \kappa \parallel \boldsymbol{S}^{(k)} - \boldsymbol{S}^{(k-1)} \parallel \\ \parallel \boldsymbol{\Theta}^{(k+1)} - \boldsymbol{\Theta}^{(k)} \parallel \leqslant \kappa \parallel \boldsymbol{\Theta}^{(k)} - \boldsymbol{\Theta}^{(k-1)} \parallel \end{cases} \tag{5 – 71}$$

根据离散可行设计变量定义，有 $\boldsymbol{Y}^{(k)} = [\boldsymbol{S}^{(k)\mathrm{T}}, \boldsymbol{\Theta}^{(k)\mathrm{T}}]^{\mathrm{T}}$，那么将式（5 – 71）重新描述为

$$\parallel \boldsymbol{Y}^{(k+1)} - \boldsymbol{Y}^{(k)} \parallel \leqslant \kappa \parallel \boldsymbol{Y}^{(k)} - \boldsymbol{Y}^{(k-1)} \parallel \tag{5 – 72}$$

在迭代解的更新中，模型补偿序列凸规划算法自映射迭代算子 $\varphi: Q \subseteq \mathbf{R}^{NY} \to Q \subseteq \mathbf{R}^{NY}$ 表示离散可行设计变量 $\boldsymbol{Y}^{(k)}$ 的更新，即输入由前一次迭代 $[k]$ 得到的全体设计变量 $\boldsymbol{Y}^{(k)}$，该算子能够在迭代 $[k+1]$ 中得到状态量 $\boldsymbol{Y}^{(k+1)}$

$$\boldsymbol{Y}^{(k+1)} = \varphi(\boldsymbol{Y}^{(k)}) \tag{5 – 73}$$

当增加了式（5-72）描述的柯西约束后，可知离散凸优化模型补偿迭代序列 $Y^{(k)} = \varphi(Y^{(k-1)}) = \varphi^{(k)}(Y^{(0)})$，$k = 1, 2, \cdots, M$ 为一个柯西序列。当式（5-73）给出的柯西序列有界时，该柯西序列可收敛到定点最优解 $Y^* = \varphi(Y^*) \in Q$。

定理 2：假设由式（5-65）表示的离散凸最优控制问题通过模型补偿序列凸规划算法，收敛到一个离散最优解 Y^*，那么由这个解逼近得到的连续解（$[r^*, v^*, m^*], T^*$）是原非凸最优控制问题（5-33）的一个局部最优解。

证明：首先，我们假设由式（5-65）表示的离散凸最优控制问题，在模型补偿序列凸规划算法下，收敛到一个离散的最优解 $Y^* = (S^*, \Theta^*)$。根据本书对连续最优控制问题的离散化描述，离散方法能够逼近连续凸最优控制问题（5-55），因此，连续凸最优控制问题（5-55）的最优解（s^*, η^*）可以由 Y^* 逼近得到，并在此假设（s^*, η^*）与 Y^* 等价。

根据可控性分析，可知式（5-55）表示的连续凸最优控制问题是可控的，在可控性基础上，由于变量替换后控制量约束的松弛凸化是无损的[3]，因此，我们可以知道在每次迭代 $\Psi^{(k+1)}$ 都已知的情况下，式（5-55）表示的连续线性凸最优控制问题的最优解（s^*, η^*），也是控制量约束"松弛"处理前的线性非凸最优控制问题的最优解（s^*, u^*）。

由离散最优解 Y^* 是一个定点最优解，可知（s^*, u^*）也为定点最优解。这意味着动力学非线性项 $\Psi^{(k+1)}$ 通过序列线性化，最后能够收敛，因此，（s^*, u^*）也是原始非凸最优控制问题的局部最优解。此时，通过变量反替换，可知，与（s^*, u^*）对应的（$[r^*, v^*, m^*], T^*$）是由式（5-54）表示的原非凸最优控制问题的一个局部最优解。

5.4　仿真

大气层内的上升段是火箭飞行过程中的必经阶段，由于气动力的影响，这一阶段的在线轨迹规划问题的求解一直以来是一大难题。为了验证本书的模型补偿序列凸规划方法对大气层中非线性气动力的处理效果，本节以大气层内的上升段轨迹自主规划任务为背景对所提出方法进行仿真验证。

本节主要通过大气层内轨迹规划的两个方面进行数值仿真实验设计：1）正常状态火箭上升段轨迹规划仿真；2）动力故障情况下火箭上升段轨迹自主规划仿真。以国外某型火箭为对象，火箭的基本任务参数设置见表 5‑4。

表 5‑4　上升段火箭模型与基本任务参数设置

		参数（单位）	数值
模型参数	助推段	初始质量/kg	867 000
		推进剂质量/kg	650 000
		推力/kN	10 524
		比冲/s	330
		参考面积	19.635
	芯一级段	初始质量/kg	186 900
		推进剂质量/kg	110 000
		推力/kN	1 400
		比冲/s	367
		参考面积	19.635
基本任务参数		初始位置/m	(0,0,0)
		初始速度/(m/s)	(438.292,0,0)
		目标位置/m	(1 514 267.3,−10 692.3,−1 232)
		目标速度/(m/s)	(6 413.9,−1 394.086 7,−4.945 5)

5.4.1　正常状态上升段轨迹规划仿真与分析

利用模型补偿序列凸规划方法对火箭上升段进行轨迹规划时，采用的性能指标为距离终端状态最近，初始给定的气动力为根据始末位置和速度得到的线性变化曲线，不需要进行初始轨迹猜想。在序列迭代过程中,利用上一次迭代产生的最优解,对下一次迭代采用凸规划模型中的气动项进行补偿,直到前后两次迭代产生的轨迹收敛。

在仿真中,模型补偿序列凸规划方法的收敛准则为前后两次迭代产生的两条轨迹的最远距离小于某个阈值 ε,即 $\max \| \boldsymbol{x}^{(k)} - \boldsymbol{x}^{(k-1)} \| \leqslant \varepsilon$,其中 $\boldsymbol{x}$ 代表位置矢量。图 5-2 给出了火箭上升段轨迹规划任务中模型补偿序列凸规划方法的收敛指标变化图,收敛准则项 $\max \| \boldsymbol{x}^{(k)} - \boldsymbol{x}^{(k-1)} \|$ 与右图代表的迭代过程最优解与最终收敛最优解的差值 $\| \boldsymbol{Y}^{(k)} - \boldsymbol{Y}^* \|$ 均是序列递减,呈现出较好的收敛特性。在实际工程中,可以通过适当放宽收敛阈值 ε,从而能在满足一定求解精度的前提下,减少迭代次数,降低计算时间。

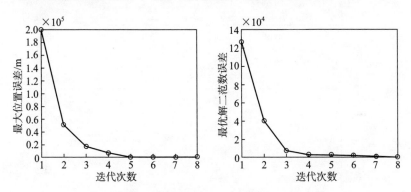

图 5-2　火箭上升段正常状态的模型补偿序列凸规划方法收敛指标

图 5-3 给出了火箭上升段轨迹规划得到的状态量与控制量曲线,从图 5-3 可以看出,控制量曲线平滑,具有较强的工程实用性,终端状态(位置与速度)均能满足任务要求。

图 5-4 给出了攻角变化曲线,在大气层稠密区域内,攻角限制在了 10° 以内,避免超过载约束。

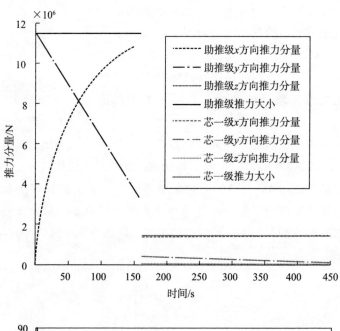

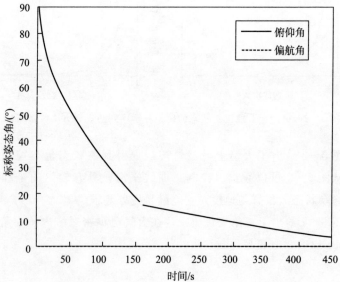

图 5 - 3　火箭上升段正常状态轨迹规划任务的状态量与控制量曲线（见彩插）

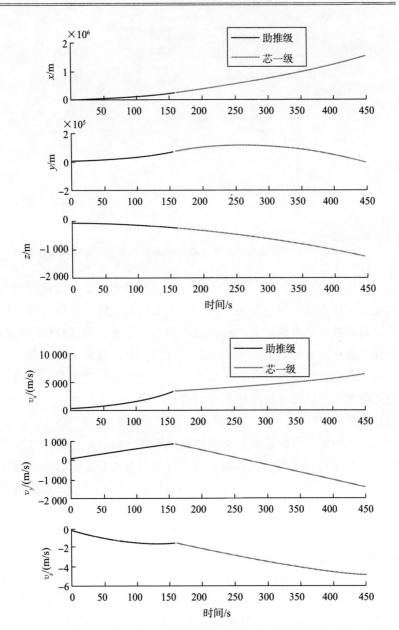

图 5-3　火箭上升段正常状态轨迹规划任务的状态量与控制量曲线（续）（见彩插）

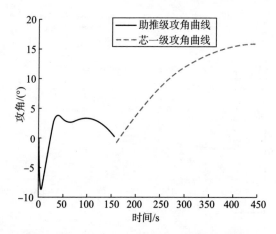

图 5-4　火箭上升段正常状态轨迹规划任务的攻角变化曲线（见彩插）

图 5-5 给出了火箭上升段正常状态轨迹规划任务中助推级的气动力加速度曲线。图中标记"·"的曲线代表最后一次迭代得到的最优解，从气动力加速度的迭代过程图可以看出，模型补偿序列凸优化方法通过对气动力的不断补偿进行序列轨迹规划，对气动力补偿的收敛意味着该序列方法的收敛。最后一次迭代产生的解为收敛得到的最优解，此时轨迹规划模型中采用的气动力模型已经通过中间迭代的修正补偿，收敛到了真实的气动力模型。

为了验证本书轨迹规划中采用的离散方法的积分精度，将得到的制导指令进行 4 阶龙格库塔积分，并将其与规划得到的轨迹进行对比，如图 5-6 所示。具体的数据结果见表 5-5，可以发现，由于采用了 2 s 间隔的平均时间离散方式，且为了便于求解，对线性时变系统通过离散状态转移的方式进行末端状态近似，导致终端位置与速度精度均不高。

如果需要进一步改进终端精度，可以从两方面进行考虑：1）改变离散方式，如采用梯形方法离散；2）缩短积分时长（目前积分时长为 450 s），如在助推级结束增加航路点，即加密分段点。

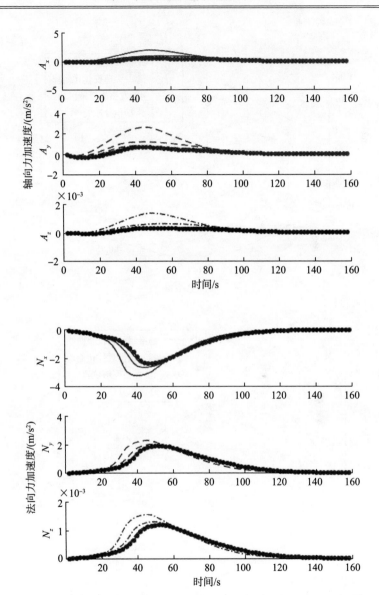

图 5-5　火箭上升段正常状态轨迹规划任务中助推级的气动力加速度曲线

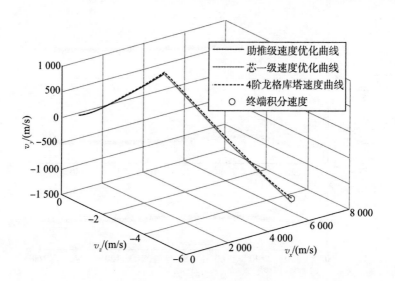

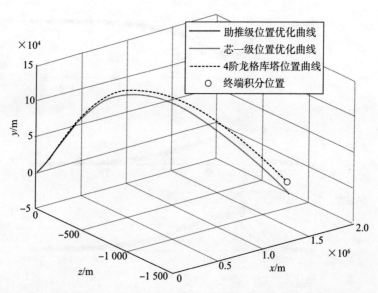

图 5-6 火箭上升段正常状态轨迹规划任务的轨迹精度对比曲线（见彩插）

表 5-5 上升段火箭模型与基本任务参数设置

积分终端误差项	Δv_{xf} /(m/s)	Δv_{yf} /(m/s)	Δv_{zf} /(m/s)	Δx_f /m	Δy_f /m	Δz_f /m
数值	63.906 7	46.056 6	0.067 7	4 095	16 561	25

综合以上仿真结果可知，本书给出的模型补偿序列凸规划方法可以通过迭代补偿的方式处理大气层内非线性气动力对轨迹规划带来的不利影响。在利用该方法对轨迹规划问题序列求解时，火箭的气动力通过不断的补偿最终收敛到准确的气动力模型，同时也完成了方法的收敛迭代过程，这一快速收敛性将有利于满足火箭轨迹自主规划任务对轨迹优化实时性的需求。

5.4.2 动力故障情况下火箭上升段轨迹自主规划仿真与分析

对于具有自主轨迹规划能力的火箭控制系统，在火箭发生动力故障时，需自主选择新的飞行目标，或重新规划轨迹使火箭飞向原定目标。为了验证模型补偿序列凸规划方法的自主性，本节设计了动力故障情况下上升段轨迹自主规划的数值仿真实验。实验目标主要是测试芯一级发动机在动力故障导致火箭推力分别损失 10%、20% 和 30% 情况下，本书所提出算法的轨迹自主规划能力。

模型补偿序列凸规划方法在动力故障发生后，首先会判断原定任务是否可达，当原任务不可达时，则将新的性能指标选择为距离原任务的终端速度和高度最近，该性能指标函数为

$$J = \left\| \frac{v(t_f)}{v_f} - 1 \right\| + \left| \frac{x(t_f) - x_f}{y(t_f) - y_f} - \frac{v_{xf}}{v_{yf}} \right| \quad (5-74)$$

其中，$v = [v_x, v_y, v_z]^\mathrm{T}$，$v_f$ 为目标终端速度矢量。该性能指标能够在一定程度上限制速度矢量的方向与原终端速度方向一致，并保证终端的位置在原位置的速度延长线上，如图 5-7 所示。

图 5-8 给出了在不同程度推力损失情况下，模型补偿序列凸规划方法的收敛指标。图中曲线代表前后两次迭代得到轨迹的最远距离 $\max \| x^{(k)} - x^{(k-1)} \|$，当 $\max \| x^{(k)} - x^{(k-1)} \| \leqslant \varepsilon$ 时，判定方法完成迭代并收敛。从图中可看出，不同推力损失情况下，方法均能

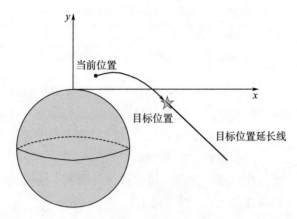

图 5-7　火箭上升段任务不可达情况下性能指标示意图

在 5 次迭代内收敛，具有较好的收敛效果。

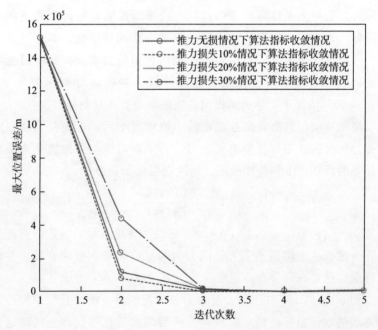

图 5-8　动力故障下的模型补偿序列凸规划方法收敛指标（见彩插）

　　图 5 - 9 给出了推力损失情况下，利用模型补偿序列凸规划方法进行轨迹自主规划仿真的结果图，表 5 - 6 给出了相关的数据统计表。可以看出，在不同的推力损失下，通过自主规划新的轨迹，火箭在终端时刻位置均处于原定位置的速度延长线上，速度则有损失。表 5 - 6 中具体的数据显示，推力在损失了 10％、20％和 30％时，速度分别损失了约 380 m/s、550 m/s 和 760 m/s。

　　由此可知，推力损失后，火箭的飞行航程增大，飞行时间增加，显示出火箭通过缓慢爬坡的方式，达到预定的位置延长线上。而速度损失较多，是由于阻力和地球引力作用时间随着推力损失增多而增加引起的。具体定量分析如下：

　　在不考虑气动力与地球引力的情况下，火箭推力产生的速度增量与航程增量可由以下公式计算

$$\int_0^{t_c} \frac{F}{m}\mathrm{d}t = V_{\mathrm{ex}}\ln\frac{\tau}{\tau - t_c} = V_{\mathrm{exL}}$$

$$\int_0^{t_c}\int \frac{F}{m}\mathrm{d}t^2 = -V_{\mathrm{ex}}\left[(\tau - t_c)\ln\frac{\tau}{\tau - t_c} - t_c\right] = S$$

　　可知，对于总推进剂相同，在推力损失一定比例，而飞行时间则增加相应比例的情况下，推力产生的速度增量相同，航程增加。但是在考虑气动力与地球引力的情况下，由于飞行时间增加，导致气动力和地球引力的作用时间增加，从而产生终端速度增量损失，而航程增大（具体原因需要根据不同的工况进一步分析）。

　　图 5 - 10 为在线轨迹规划仿真结果（蓝色实线）与将仿真得到的制导指令进行 4 阶龙格库塔积分后的结果（红色"o"）对比图。从图中可以看出，相比于上节助推级与芯一级同时优化的轨迹精度来看，本节仿真由于采用的飞行段气动力较小，因此，规划得到的轨迹与 4 阶龙格库塔积分后得到的轨迹精度符合度较高。

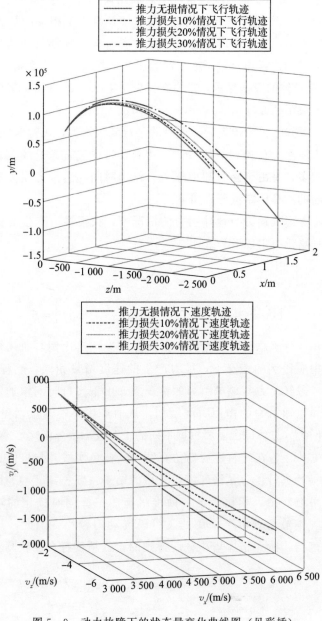

图 5-9　动力故障下的状态量变化曲线图（见彩插）

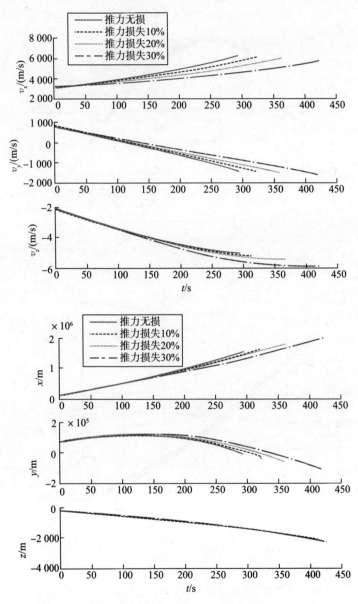

图 5-9 动力故障下的状态量变化曲线图（续）（见彩插）

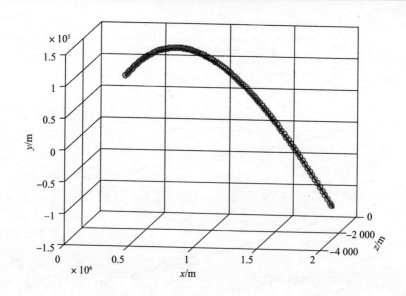

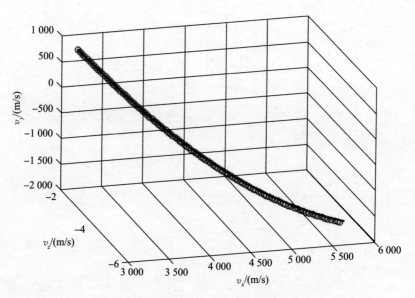

图 5-10　火箭芯一级轨迹规划任务的轨迹精度对比曲线（见彩插）

表 5-6　不同推力损失情况下的飞行时间、推进剂消耗和航程对比

推力损失		—	−0%	−10%	−20%	−30%
飞行时间/s		—	294	320	360	420
目标终端状态		目标值	推力损失情况下的实际值			
终端速度/(m/s)	$v_x(t_f)$	6 413.9	6 230	6 034	5 868	5 660
	$v_y(t_f)$	−1 394.1	−1 390	−1 415	−1 473	−1 554
	$v_z(t_f)$	−4.95	−5.081	−5.281	−5.52	−5.925
终端位置/m	$x(t_f)$	1.514e6	1.506e6	1.596e6	1.745e6	1.954e6
	$y(t_f)$	−10 692.3	−8 931	−2.854e4	−6.074e4	−1.062e5
	$z(t_f)$	−1 232	−1 330	−1 474	−1 705	−2 109
$\left\| \dfrac{x(t_f)-x_f}{y(t_f)-y_f} - \dfrac{v_{xf}}{v_{yf}} \right\|$		0	2.953e−9	1.037e−9	4.130e−10	1.159e−10

综合以上分析可知，模型补偿序列凸规划方法能够应用于大气层内火箭上升段的轨迹自主规划问题中，在动力故障导致的推力损失情况下，该方法能自主完成满足终端速度与高度要求的轨迹规划任务，从收敛效果的仿真结果可知，该方法具有较好的迭代收敛性，这些仿真结果再一次验证了该方法在线实现能力。

参 考 文 献

［1］ 范唯唯. 中国发布《2017—2045 年航天运输系统发展路线图》［J］. 空间科学学报，2018，38（1）：6－6.

［2］ Steering Committee for NASA Technology Roadmaps，National Research Council. NASA Space Technology Roadmaps and Priorities［M］：National Academies Press，2012.

［3］ 程晓明. 基于凸优化的火箭轨迹自主规划方法研究［D］. 北京：北京航空航天大学，2018.

［4］ 陆平，敬忠良，胡士强. 载人航天持续发展所需的先进制导控制关键技术［J］. 载人航天，2011，17（5）：25－32.

［5］ Lu P，Sun H，Tsai B. Closed－Loop Endoatmospheric Ascent Guidance［J］. Journal of Guidance，Control，and Dynamics，2003，26（2）：283－294.

第6章 智能控制

6.1 引言

人工智能作为信息科学一个新的重要领域，其发展被上升到国家发展战略的高度。2014 年 6 月 9 日习近平在两院院士大会上指出："由于大数据、云计算、移动互联网等新一代信息技术同机器人技术相互融合步伐加快，3D 打印、人工智能迅速发展，制造机器人的软硬件技术日趋成熟，成本不断降低，性能不断提升。军用无人机、自动驾驶汽车、家政服务机器人已经成为现实，有的人工智能机器人已具有相当程度的自主思维和学习能力……我们要审时度势，全盘考虑，抓紧谋划，扎实推进。"2015 年在十二届人大三次会上，李克强在政府工作报告上讲："人工智能技术将为基于互联网和移动互联网等领域的创新应用提供核心基础，未来人工智能技术将进一步推动关联技术和新兴科技、新兴产业的深度融合，推动新一轮的信息技术革命，势必成为我国经济结构转型升级的新支点。"

本章主要介绍运载火箭智能控制的设计方法。

6.2 自适应控制

6.2.1 简介

自适应控制一般是指对系统参数的变化具有适应能力的控制方法，其目的是在对象和干扰的数学模型不完全确知的情况下求解对象的控制问题，设计控制算法，使系统运行在最优或次优状态。

自适应控制最早在飞行器中得到应用，20 世纪 50 年代末美国麻省理工的 Whitaker 首先提出模型参考自适应控制方案，并尝试将其应用到解决飞机自动驾驶问题[1]，但限于当时的计算机技术和控制理论发展水平，飞行试验没有成功。近半个世纪以来，自适应控制已经取得了迅猛的发展与显著的成果，逐渐获得学者们越来越多的关注：中科院的郭雷院士对自校正控制器的闭环稳定性进行了严格完备的证明，自校正控制思想有了实质性的进展，为自校正控制器应用于实际飞行器打下理论基础[2]。吴宏鑫院士在实际工程应用中提出基于特征模型的自适应控制[3]，该方法在解决时变、不确定性的航天控制系统上已经取得很好的效果。孟斌等[4]针对含有大范围时变参数的高超声速飞行器，运用基于特征模型的自适应控制方法进行了姿态控制器设计，仿真表明，该方法不仅可以实现跟踪目标，而且可以保证攻角的变化满足一定的约束条件。王勇等[5]在分析系统耦合关系的基础上，采用分散控制方式，在高超声速飞行器六自由度模型基础上得出了一个考虑输入耦合的特征模型，并采用黄金分割自适应方法设计了控制器。宋斌[6]基于自适应反步设计方法，结合非线性阻尼算法设计了控制器，该控制器实现了对飞行器惯量参数的估计。

自适应控制会不断改善控制器自身的性能，从而大幅度提升系统的跟踪精度。但是自适应控制需要参数慢变、足够激励等条件来保证稳定性，因此处理快变参数和干扰、未建模动态的能力弱于鲁棒控制，在飞行控制中可以考虑将自适应控制与其他控制方法结合，将控制器参数调整得更加合理。

6.2.2　自适应控制技术

自适应控制技术中的自抗扰控制方法能够将运载火箭中的非线性不确定动态整合成"总干扰"进行实时观测并进行补偿，能够增加运载火箭控制系统对不确定性的鲁棒性。然而运载火箭模型中含有多种不确定性，比如气动参数的不确定性、转动惯量的不确定性、舵偏力矩的不确定性等，这些不同的干扰和不确定性对自抗扰控制器的精度和稳定性影响不同，有些参数的不确定性对自抗扰控制的稳定性影响较大，此时需要将这些不同的干扰及不确定性分离开来。对于对自抗扰控制性能影响大的不确定性参数，还需要研究某些智能自适应策略，实时地辨识系统当前参数的不确定性，通过辨识得到的参数估计值，对模型进行修正，从而自适应地调整控制器的参数，形成完整的运载火箭智能自适应控制设计方法。

为了提高自抗扰控制在飞行器上的控制精度及稳定性，将对自抗扰控制稳定性影响较小的参数放到"总干扰"中，利用扩张状态观测器观测出来并进行补偿，对于对自抗扰控制稳定性影响较大的参数利用智能自适应的参数辨识方法将其辨识出来，再根据辨识得到的参数估计值进行控制器的设计。

通过设计智能自适应控制可使运载火箭的姿态稳定。在已有的飞行器控制中，一般利用风洞试验和飞行试验获得气动参数及模型动态的额定值，利用这些额定参数进行控制器的设计。然而由于风洞试验和飞行试验的局限性，以及实际飞行过程中环境的变化，使得真实气动参数或者模型动态与额定量有一定的偏差。当环境比较恶劣时，这些偏差较大，控制系统难以达到控制要求。所以应用智能自适应辨识技术对气动参数额定值自适应地进行修正，而对控制稳定性影响较小的参数可以与状态组合看作一个时变的整体，并且考虑模型中动态的内、外干扰，将其都整合为自抗扰控制中的总干扰，用自抗扰控制方法来估计补偿，从而得到基于智能自适应参数辨识的自抗扰控制算法。此算法结合了自抗扰控制自主抗扰性能，以及智能自适应参数辨识算法对不确定参数的在线实时自适应性，可实现对运载火箭的智能自适应姿态控制。

运载火箭的智能自适应姿态控制方法设计结构图如图 6-1 所示。

将飞行器模型表示为

$$Y_{t+1} = F_t + \Phi_t\theta + V_{t+1}, t \geqslant 0 \qquad (6-1)$$

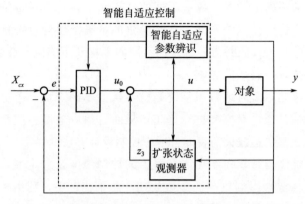

图 6-1　运载火箭的智能自适应姿态控制方法设计结构图

其中，F_t 表示除去影响稳定性较强参数 θ 外，剩余的影响稳定性较弱的不确定参数、不确定动态及内外时变干扰的整合。

运载火箭的智能自适应姿态控制方法设计方案如下：

步骤 1：生成初值 θ_0，Z_0，$\hat{F}_0$，$P_0 > 0$，得到量测 Y_{t+1} 及舵偏输入 $\delta_{n,t}$。

步骤 2：利用量测 Y_{t+1} 及舵偏输入 $\delta_{n,t}$，基于切比雪夫神经网络对非线性模型中的主要参数进行辨识，得到全局光滑的参数方程。

步骤 3：利用扩张状态观测器方法对剩余不确定性 F_t 进行估计

$$\begin{cases} Z_{t+1} = \hat{F}_t + \Phi_t \theta_t - B_1(Z_t - Y_t) \\ \hat{F}_{t+1} = \hat{F}_t - B_2(Z_t - Y_t) \end{cases} \qquad (6-2)$$

步骤 4：设计智能自适应控制器

$$u_{t+1} = \frac{1}{\hat{b}_{f3,t+1}}\{-\hat{b}_{f2,t+1}\alpha - \cdots - \hat{F}_{t+1} + \delta_{n,t+1}\} \qquad (6-3)$$

其中，$\delta_{n,t+1}$ 可以根据稳定裕度要求及截频等要求设计相应的校正网络或者 PID 反馈控制。

通过以上步骤可以得到基于参数辨识的自抗扰控制方法设计算法流程图，如图 6-2 所示。

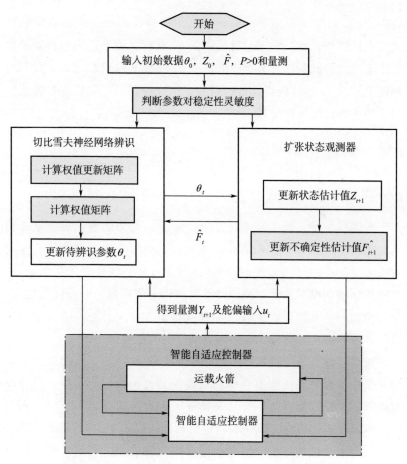

图 6-2　基于神经网络辨识的智能自适应控制方法设计

　　运载火箭的智能自适应姿态控制的可行性分析：

　　从参数辨识的角度来讲，自抗扰控制算法弥补了不可辨识参数的估计问题，对于不可辨识的参数，将其与不确定状态的组合当作"总扰动"利用扩张状态观测器实时估计出来，而对辨识度较大的参数考虑直接利用递推最小二乘方法将其辨识出来，从而利用模型中各部分偏差特点设计不同估计器，提高估计精度。

　　从自抗扰控制器角度来讲，自抗扰控制器常常对于舵偏系数 b_3 较为敏感，b_3 如果不准确会影响自抗扰控制器的稳定性，实际中 b_3 往往由标称值代替，与飞行过程中的 b_3 有较大偏差，影响控制精度与稳定性，因此利用参数辨识方法将 b_3 在线实时辨识出来，并利用辨识出来的 b_3 估计值设计自适应的自抗扰控制器，以提高自抗扰控制器的控制精度与稳定性。

6.3　智能控制

6.3.1　基本原理

　　智能控制是一种无需或仅需尽可能少的人为干预就能独立地驱动智能机器实现其对目标的自动控制，主要用来解决那些传统控制方法难以解决的复杂系统的控制问题[7,8]。就智能控制的类型而言，智能控制包括模糊控制、神经网络控制、专家控制、分层递阶控制、学习控制、仿人智能控制以及各种混合型方法。另外，很多学者将遗传算法等进化计算方法也纳入智能控制的范畴。

　　所谓智能自适应控制，一般包括两层意思：其一是指航天器结构与参数变化时系统能够自动地修改控制器的结构与参数，保持原先设计的控制性能指标；其二是指在上述自适应控制中如何引入智能技术（包括知识的在线获取、逻辑判断推理和监控），使系统具有定性与定量、模糊与精确信息相结合的处理能力。闫斌斌等[9]针对飞行器数学模型参数不确定这一特点，研究了一种基于粒子群的高超声速飞行器模糊控制方法，利用粒子群算法对模糊控制器参数寻优，使该控制方法具有强鲁棒性，使高超声速飞行器在气动模型不确定情况下，依然能保持很高的控制精度。Xu 等人[10]针对高超声速飞行器控制问题，给出了一种神经网络自适应控制器设计方法，采用动态逆理论设计基础控制器，用单层神经网络逼近未知动态以实现自适应控制。谭湘敏等[11]提出了一种基于神经网络与动态逆相结合的自适应控制方法，初步实现了对某型高超声速飞行器的轨迹跟踪控制。Wu 等人[12]利用基于模糊逻辑的方法研究了 X‑38 飞行器再入大气层时的姿态控制问题，文中飞行器的再入过程被分为了 5个飞行阶段，各个飞行阶段对应了不同的执行器结构。目前，面对复杂控制目标和恶劣飞行环境，智能控制方法在高超声速飞行器领域逐渐推广应用，随着计算机处理能力的不断提升和智能控制理论的深入研究，未来智能控制的发展具有很大潜力。

　　智能控制具有逼近任意非线性函数的性质，但是由于其利用了多层优化算法，结构较为复杂，且稳定性能还需要探索。

6.3.2　智能控制技术

6.3.2.1　深度学习神经网络制导律设计

　　传统神经网络制导方法考虑的状态量较少，对于包含各飞行段的完整飞行过程，模型结构深度不够，难以详细刻画系统的状态特征。目前深度学习方法还没有应用于制导律设计的实例，本章拟将深度学习算法与神经网络预测制导方法相结合，提出一种采用模板制导深度学习神经网络（PGS‑NN）预测制导法。对飞行试验制导律进行学习，生成神经网络制导参数并应用于在线制导。神经网络深度学习的过程，实际上就是对模板制导律产生的高精度样本数据进行离线学习的过程。以历史数据中的最优预测制导律作为深度学习神经网络预测制导法的模板，流程如图 6‑3 所示。

　　这种制导方法分为两个阶段。第一个阶段就是神经网络制导器的离线生成，神经网络离线学习的过程，实际上就是对模板制导器产生的海量高精度样本数据进行离线学习的过程；第二个阶段就是神经网络制导器在线实时快速制导。

　　第一阶段中，最优预测制导作为神经网络学习的模板制导器，通过开展各种拉偏下的仿真试验，获取飞行器离线仿真数据，形成飞行器状态信息与制导信息数据集，即输入输出样本集。神经网络制导器便以此样本集作为其学习和训练的输入输出样本，通过反复试验调整网络中各神经元的权值与阈值，直到网络输出总目标函数

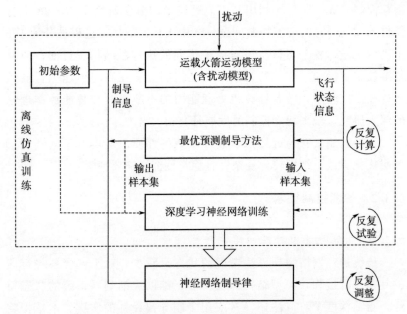

图 6-3　模板制导深度学习神经网络预测制导示意图

满足训练要求，从而产生制导控制器。训练好的神经网络制导器将
最终的网络权值矩阵和阈值传递给神经网络制导器。在第二个阶段
的在线制导过程中，神经网络制导器通过调用储存的权值矩阵和阈
值，根据实时飞行状态信息，快速生成制导指令。在线制导过程中
的神经网络制导器，相当于一个指令生成机构，它能实现对飞行器
实时飞行状态信息的快速响应，完成快速制导。模板制导深度学习
神经网络预测制导律通过学习飞行状态参数信息及其所对应的制
导参数信息，利用神经网络模型直接实现两者之间的非线性映射，
不依赖制导解算，并提高智能化程度。模板制导深度学习神经网
络预测制导方法，需要离线学习模板制导律，时间比较长，且制
导精度受模板样本精度影响比较大。通过采取分段训练的方式，
对设计范围内的大扰动的可能情况进行充分分析，以此保证制导
精度的需求。

6.3.2.2　基于强化学习的姿态控制律设计

强化学习是机器学习领域中的一种智能的学习方法，它模仿自然界中人类或动物学习的方式，通过 Agent 与环境的交互和试错，利用评价性的反馈信号实现决策的优化。将强化学习理论应用在导弹控制中，通过行为—响应—改进行为策略的学习过程，使导弹在与实际物理环境的交互中获得知识，提高导弹制导控制系统的自适应性。

本章拟将强化学习方法应用于姿态控制律的设计，将学习过程抽象为一个动态规划问题，采用迭代形式的值函数作为最优值函数的逼近，在线求取最优策略，对于姿控系统即姿态控制律。其具体工作流程如图 6-4 所示。

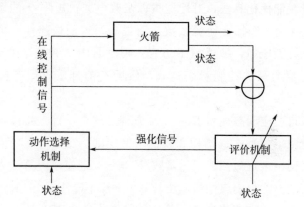

图 6-4　强化学习的姿控系统设计流程图

图 6-4 中，评价机制是强化学习的核心，其影响到 Agent 在未来特定情况发生时动作的选择情况。Agent 动作后，评价机制会根据 Agent 当前状态以及 Agent 所处环境的状态产生瞬时奖惩，这个奖惩作为对当前动作的评价，以强化信号的形式反馈给动作机制，动作机制会根据反馈回来的强化信号更新选择动作的策略，同时评价机制也会根据状态自动做出调整。

6.3.2.3　考虑饱和受限下的运载火箭自适应动态规划控制技术

　　针对存在控制量饱和约束的运载火箭动态最优控制问题，首先将连续的运载火箭模型转化为仿射非线性离散系统；再设计抗饱和的性能指标函数，为了处理约束控制问题，引入关于控制量饱和上限值的非二次泛函，使得该函数能很好地逼近饱和执行器，确定控制输出的信号在约束范围。从而设计出关于状态误差和抗饱和函数的总性能指标函数

$$J(k) = \sum_{i=k}^{\infty} \boldsymbol{x}^{\mathrm{T}}(i)\boldsymbol{Q}\boldsymbol{x}(i) + 2\int_0^{u(i)} \varphi^{-\mathrm{T}}(\boldsymbol{U}^{-1}s)\boldsymbol{U}\mathrm{d}s \qquad (6-4)$$

式中　$\boldsymbol{U}$——由控制量上限值组成的常对角矩阵；

　　　　$\varphi(\cdot)$——双曲正切函数。

　　通过智能优化算法，对性能指标函数中加权矩阵 $\boldsymbol{Q}$ 的系数和变量 s 进行寻优，选择合适的系数从而提高跟踪的快速性；再根据贝尔曼的最优性原理，推导 HJB 方程；再由 HJB 方程推导关于最优性能指标函数的最优控制量表达式；然后基于自适应动态规划求解 HJB 方程。

　　基于自适应动态规划求解 HJB 方程过程中，首先要搭建评价网络和执行网络的形式、结构和权值调整规则。在评价/执行网络中，采用神经网络来近似性能指标函数/控制量，通过学习算法来进行网络的权值调整。目前应用最广泛的基于梯度下降法的 BP 神经网络因为需要多次迭代训练速度慢。其他网络形式中，RBF 神经网络能通过选择合适的隐含层节点中心和基函数宽度来提高收敛速度；极速学习机学习过程一次完成无需迭代，速度显著提高。学习算法中，共轭梯度法、麦夸特（Levenberg - Marquardt）法训练速度都比梯度法快。因此对比不同神经网络的形式、结构和学习算法，基于快速学习的原则选择最合适的神经网络；然后，在网络设计完成后，通过执行网络和评价网络得到近似控制量和近似指标函数，对网络的权值进行调整，迭代训练直到指标函数的近似误差满足精度要求或者迭代次数大于最大值。最终求得整个飞行过程的最

优控制量。

6.3.2.4　基于智能自适应的多执行器协同控制技术

在建立运载火箭的各飞行任务所对应的气动舵/RCS 控制模型的基础上，将多执行器协同控制设计分为：多执行器的组合/切换/分配智能优化以及相应的自适应协同控制律设计。通过基于深度学习的协同控制策略，利用自适应控制律调整控制器参数，实现基于智能自适应的协同控制。

针对多执行器的智能组合以及切换策略，根据运载火箭在不同飞行阶段中的飞行环境，飞行任务以及执行机构的效率对空气动力控制/RCS 控制进行智能自适应的协同控制。针对运载火箭的多执行机构组合/切换，分析各执行机构在不同飞行阶段下的控制效率及控制力、控制力矩约束，设计控制效率特征指标；通过分析运载火箭的状态量变化和控制量变化，建立协同控制的实时性能指标。通过深度学习、神经网络、模糊控制等智能优化技术实现多执行机构的最优组合以及切换方案，满足飞行任务要求。

在运载火箭的多执行机构的智能组合/切换得到各执行机构控制姿态所需等效力矩的基础上，考虑多个气动舵之间的最优自适应分配问题。通过分析各气动舵在不同飞行条件，例如不同速度、高度、攻角条件下对运载火箭各个通道的姿态控制效率，以及运载火箭自身的控制特点，例如荷兰滚、滚转、螺旋模态下的极点特征，利用最优控制在动态分配的过程中满足运载火箭的控制需求。

考虑气动舵的连续控制与 RCS 离散控制的工作特性，针对其连续以及离散的特性，采用离散系统控制方法，抑制姿态控制中的抖动问题。同时对于多任务的运载火箭而言，其飞行环境变化较大，运载火箭模型中会产生参数不确定性，从而影响控制性能。因此，对于自适应动态规划的协同控制律设计，采用干扰观测器观测对模型产生重大影响的外界干扰，利用自适应控制方法自适应调整控制参数，实现在参数变化及外部干扰条件下的最优控制。

6.3.2.5　基于自适应动态规划的运载火箭容错控制

　　以运载火箭为研究对象，考虑姿态控制器包含 RCS 和气动舵。在高速飞行环境下，很可能会发生 RCS 故障和气动舵故障的情况。常见情况如喷管无法打开、喷管堵塞或者喷管无法关闭等多种问题，都会导致 RCS 出现问题。将 RCS 故障模式分为 2 种：喷管失效（RCS 零推力）和喷管常开。当喷管常开时会持续产生推力，直至推进剂耗尽。运载火箭操纵舵面故障主要分为 3 种情况：气动舵部分失效（实际偏转角度与指令不一致）、舵面卡死在某个角度以及舵面积损失。舵面积损失主要是由于热烧蚀或者其他原因造成，在这种情况下，舵面仍具备产生操纵力矩的能力，但是能力降低。为了方便研究，假设气动舵故障只对气动特性产生影响。

　　运载火箭的容错控制技术，首先研究在上述故障情况下，执行机构故障对运载火箭气动特性的影响。研究故障容忍度范围，假设在范围内，执行机构故障对气动特性影响较小，可以不用进行容错控制。例如气动舵部分失效故障，可以假设舵面的实际偏转角度与偏转角指令之间存在某种线性关系，在一定的容忍度范围内，只需重新调整气动舵偏转角指令即可实现力矩平衡，无须进行容错控制。

　　在执行机构故障对气动特性影响的基础上，研究基于自适应动态规划的容错控制技术。容错控制技术有很多种类，目前基于智能方法的容错控制方法主要是用非线性控制方法（例如反馈线性化，变结构控制）设计控制器，然后用智能方法设计相应的故障补偿算法。利用智能方法估计系统的不确定项、未知扰动和故障函数等，可以避免设计非线性系统的观测器或滤波器的困难。自适应动态规划算法分为三个网络：模型网络，执行网络，评价网络。

　　基于神经网络的故障估计器设计，考虑在满足匹配的不确定性及故障情况下，设计模型网络在线逼近系统动态故障；设计神经网络离线逼近系统特性，利用非线性控制方法和神经网络所得参数及偏微分等信息，完成在上述故障类型情况下基于自适应动态规划的控制器设计，所设计的控制器构成执行网络；根据故障估计信息和飞行状态设计评价网络，选择合适评价指标，最后通过在线学习参数增益，从而形成新的在线重构控制律。最终得到一种基于自适应动态规划算法的运载火箭容错控制技术。

6.4　仿真分析

通过 MATLAB 自带神经网络模块和自设计的 4 层 BP 神经网络结构两种方法，根据运载火箭飞行的样本数据，对 PGS - NN 预测制导器进行离线训练研究。

6.4.1　MATLAB 自带神经网络模块训练算例

采用 MATLAB 2014a 软件自带神经网络模块训练数据，设置输入输出为样本数据；设置隐层数为 10；设置训练、测试、验证的比例为 70%、15%、15%；得到的训练结果如图 6 - 5 所示。

设置隐层数为 50；设置训练、测试、验证的比例仍为 70%、15%、15%；得到的训练结果如图 6 - 6 ～图 6 - 8 所示。

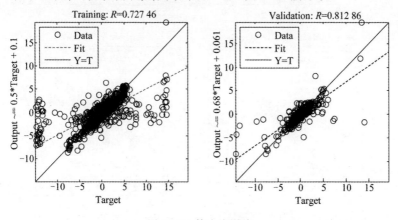

图 6 - 5　第十次训练

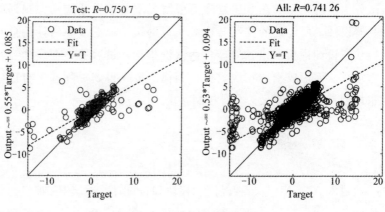

图 6 - 5 第十次训练（续）

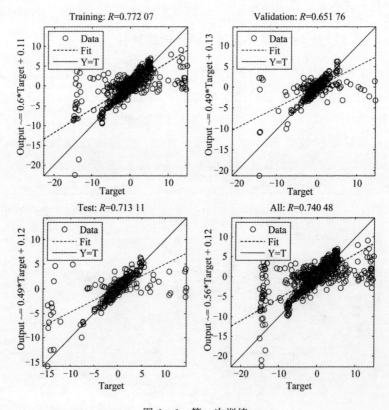

图 6 - 6 第一次训练

　　图 6 - 6 中，R 表示训练输出结果与真实值之间的一致性，当 R 的值越接近 1 时，表示一致性越好。

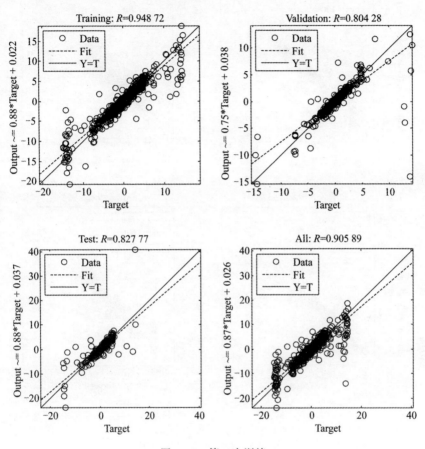

图 6 - 7　第二次训练

　　由于 MATLAB 2014a 软件自带神经网络模块，未调整内部参数设置（节点数），仅通过修改层数，且其最大的问题在于训练得到的网络权值无法输出，无法应用到 PGS - NN 预测制导器中。

6.4.2　BP 神经网络训练算例

　　针对 MATLAB 2014a 软件自带神经网络模块存在的问题，本书

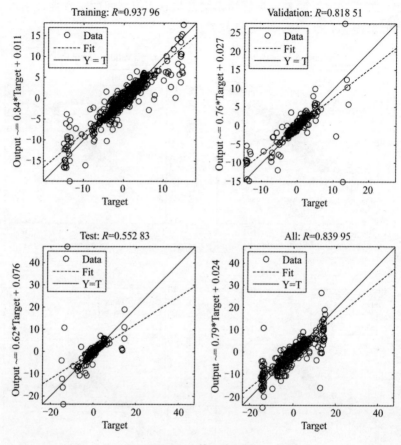

图 6 - 8　第八次训练

采用自设计的 4 层 BP 神经网络对数据进行训练。

　　如图 6 - 9 所示，BP 神经网络采取有监督学习方法进行训练，样本数据库提供训练样本。样本数据库中的样本输入作为 BP 神经网络制导器的激励源，网络制导器受到激励后，利用默认的网络权值和阈值计算出网络实际输出，然后对实际输出与样本输出做误差性能分析，如果误差性能不满足网络要求，则神经网络通过调整网络权值和阈值矩阵，重新计算网络实际输出，反复训练网络，直到误差性能满足网络误差要求，网络制导器终止训练，保存网络的权值和阈值矩阵。

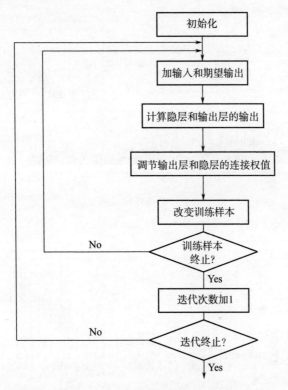

图 6 - 9　BP 神经网络训练流程图

当用 100 个样本去训练网络，最大值和最小值在其中选取，训练了半个小时，误差在 0.05 以下，如图 6 - 10 所示，其中横轴是训练次数，纵轴是误差（训练值与真实值的差除以真实值）。但输出的神经网络泛化能力较差，如图 6 - 11 所示。

当用 1 000 个样本去训练，最大值和最小值在所有样本中选取，训练了 12 个小时，误差始终在 0.2 左右徘徊。

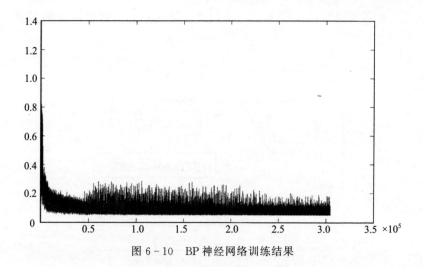

图 6 - 10　BP 神经网络训练结果

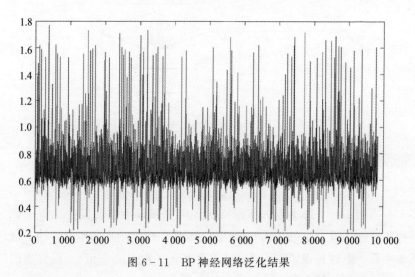

图 6 - 11　BP 神经网络泛化结果

参 考 文 献

［1］ Whitaker H P，Yamran J，Kezer A. Design of model reference adaptive control systems for aircraft，Report No. R－164，Instrumentation Lab，MIT，1958.

［2］ Guo L. Convergence and logarithm laws of self－tuning regulators. Automatica，1995，31（3）：435－450.

［3］ 吴宏鑫，胡军，解永春．基于特征模型的智能自适应控制［M］．北京：中国科学技术出版社，2008.

［4］ 孟斌，吴洪鑫．高超声速飞行器基于特征模型的自适应控制［C］． Proceedings of the 26th Chinese Control Conference，2007：720－724.

［5］ 王勇，龚宇莲，王丽娇．基于多输入多输出特征模型的高超声速飞行器自适应姿态控制［J］．空间控制技术与应用，2011，37（4）：13－18.

［6］ 宋斌，李传江，马广富．空间飞行器姿态机动的鲁棒自适应控制器设计［J］．宇航学报，2008，29（1）：121－125.

［7］ Saridis G N. Analytic formulation of the principle of increasing precision with decreasing intelligence for intelligent machines. Automatica，1989，25（3）：461－467.

［8］ Cai Zi－Xing. Itelligent Control Principles and Applications，Beijing：Tsinghua University Press，2007（蔡自兴．智能控制原理与应用．北京：清华大学出版社，2007）

［9］ 闫斌斌，叶俊，闫杰．基于粒子群的高超声速飞行器模糊控制方法［J］．科学技术与工程，2012，12（14）：3493－3496.

［10］ XU H J，MIRANI M，IOANNOU P A. Robust neural adaptive control of a hypersonic aircraft［C］//AIAA Guidance，Navigation，and Control Conference and Exhibit. Austin：AIAA，2003：1－8.

［11］ 谭湘敏，易建强，范国梁．高超声速飞行器飞行特性分析及其控制研究［C］//第二届全国高超声速科技学术会议，黄山：中国科学院高超声速

科技中心，2009，10.

[12]　Wu S F，Engelen C，Babuska R，et al. Intelligent flight controller design with fuzzy logic for an atmospheric re‑entry vehicle［C］//AIAA Aerospace Sciences Meeting and Exhibit. Reno，NV：AIAA，2000：565–576.

第 7 章　智慧火箭控制实例

7.1　实例概述

以某型火箭为对象，考虑动力系统故障引起推力下降情况下，利用火箭智能控制方法，进行火箭控制能力的在线评估与轨迹在线规划。在该算例中采用基于凸优化的数值优化方法，基于故障辨识后得到的火箭动力参数，以半长轴最大为优化指标，轨道倾角、近地点高度等轨道要素为终端约束，将问题转化为一个凸规划问题。利用凸优化方法，评估火箭能到达的最大能量轨道，然后在能力范围内，选择可行目标轨道，并求解飞行轨迹，最终完成安全圆轨道与最大半长轴的椭圆轨道在线规划及制导重构仿真。

该算例采用的火箭对象为二级火箭，一级与二级均共有两台主发动机，二级飞行时分为二级一次飞行与二级二次飞行，中间设有滑行飞行段。本章分别仿真在芯一级阶段与芯二级阶段发生一台发动机推力下降故障情况下，火箭的在线轨迹规划能力与制导重构能力。

7.2　芯一级推力下降故障及仿真

以芯一级飞行过程中一台发动机推力下降 80%、总冲不变为例。在线辨识出推力故障（包括故障发动机和推力故障下降程度），轨迹规划根据实时辨识出的推力故障程度和预估的箭体质量完成能力评估与决策，在线规划出新轨道。

通过在线轨迹规划，芯二级一次结束进入停泊轨道，芯二级二次进入原预定轨道。通过将轨迹规划得到的程序角与入轨点参数输入制导系统，制导系统在获取新规划参数前按照原控制程序运行，当获得新规划参数后切除导引跟踪轨道规划的程序角飞行，采用迭代制导控制火箭向规划得到的目标轨道飞行。得到的仿真结果图如图7-1所示。

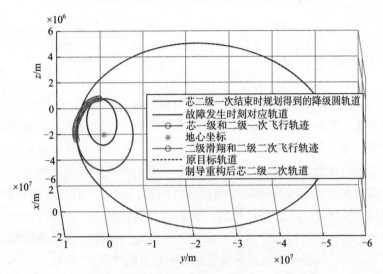

图 7-1　芯一级故障轨迹规划仿真结果图（见彩插）

制导系统得到的速度和高度飞行结果图如图 7-2 和图 7-3 所示。

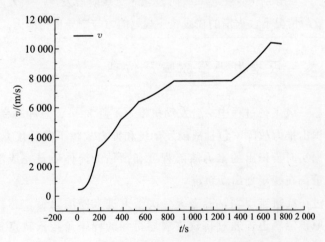

图 7-2　在线规划制导重构方案飞行速度结果图

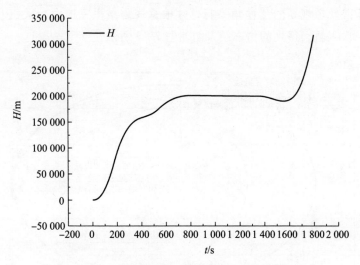

图 7 - 3　在线规划制导重构方案飞行高度结果图

在此故障下统计得到制导误差（入轨偏差），见表 7 - 1。

表 7 - 1　故障下制导误差

干扰类型	ΔH_p /m	$\Delta \omega$ /(°)	Δi /(°)	$\Delta \Omega$ /(°)	Δa /km
方法误差	209.829 15	0.020 38	0.005 98	0.002 49	11.003
工具误差	4 063.369 35	0.196 51	0.019 03	0.193 24	116.275
总误差	4 091.737 17	0.198 42	0.021 34	0.193 46	116.872
指标满足情况	满足	满足	满足	满足	满足

7.3　芯二级推力下降故障及仿真

以芯二级飞行时一台发动机推力下降 80%、总冲不变为例，在线辨识出推力故障，轨迹规划完成能力评估与决策，规划出新轨道，芯二级一次结束进入停泊轨道，芯二级二次进入降级轨道。通过将轨迹规划得到的程序角与入轨点参数输入制导系统，制导系统在获取新规划参数前按照原控制程序运行，当获得新规划参数后切除导引跟踪轨道规划的程序角飞行，并根据规划结果完成滑行关机和二级二次入轨。得到的仿真结果图如图 7-4 所示。

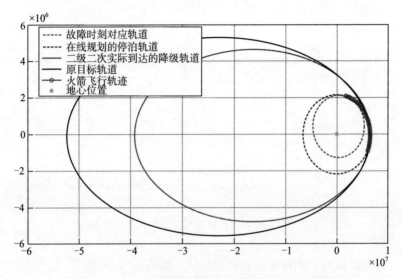

图 7-4 芯二级故障轨迹规划仿真结果图（见彩插）

制导系统得到的速度和高度飞行结果图如图 7-5 和图 7-6 所示。

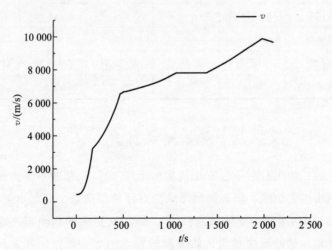

图 7-5 在线规划制导重构方案飞行速度结果图

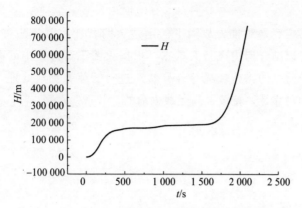

图 7 - 6　在线规划制导重构方案飞行高度结果图

在此故障下统计得到制导误差（入轨偏差）见表 7 - 2。

表 7 - 2　故障下制导误差

干扰类型	ΔH_p /m	$\Delta\omega$ /(°)	Δi /(°)	$\Delta\Omega$ /(°)	Δa /km
方法误差	179.16	0.011 71	0.003 2	0.005 7	1.638
工具误差	4 316.26	0.198 79	0.018 38	0.191 09	74.184
总误差	4 760.35	0.235 19	0.028 05	0.205	74.344
指标满足情况	满足	满足	满足	满足	满足

从仿真结果可以看出，非致命故障下火箭可以准确进入预定轨道。

7.4　小结

从上述两个算例可以看出，芯一级和芯二级出现较大推力故障时，算例中给出的是下降 80% 的情况，通过使用本书介绍的在线故障辨识，识别出推力故障（包括故障发动机和推力故障下降程度），并根据推力故障程度和预估的箭体质量在线进行弹道的重新规划，可以实现火箭进入预定轨道或者进入中间轨道，避免直接坠毁事故的发生。

　　本书主要是对推力故障下的运载火箭智能控制方法进行介绍。未来还可以结合历史飞行大数据，根据火箭飞行过程中的温度等自身状态、所处的飞行环境等外界状态进行智能识别与处理，提高火箭飞行的可靠性，持续提高运载火箭的"智慧"水平。

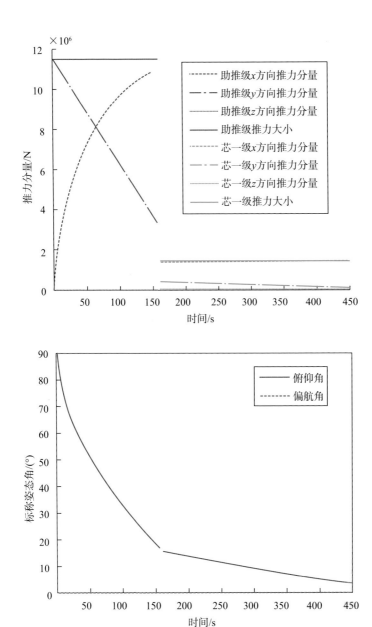

图 5-3 火箭上升段正常状态轨迹规划任务的状态量与控制量曲线（P106）

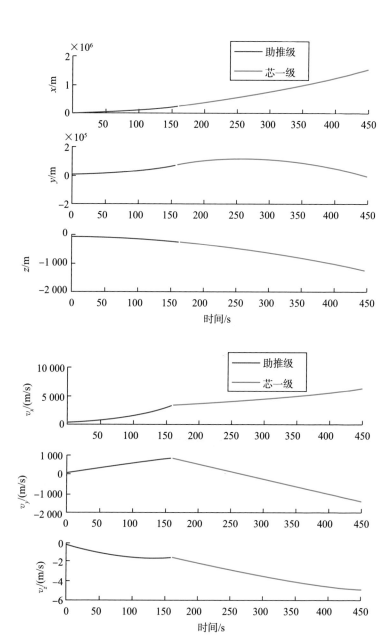

图 5-3　火箭上升段正常状态轨迹规划任务的状态量与控制量曲线（续）（P107）

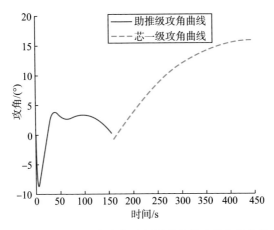

图 5-4　火箭上升段正常状态轨迹规划任务的攻角变化曲线（P108）

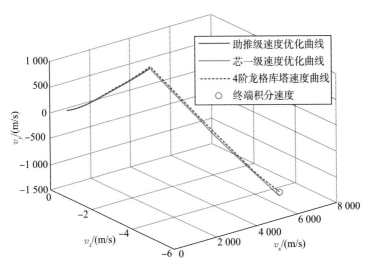

图 5-6　火箭上升段正常状态轨迹规划任务的轨迹精度对比曲线（P110）

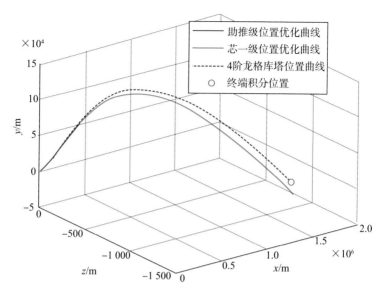

图 5-6　火箭上升段正常状态轨迹规划任务的轨迹精度对比曲线（续）（P110）

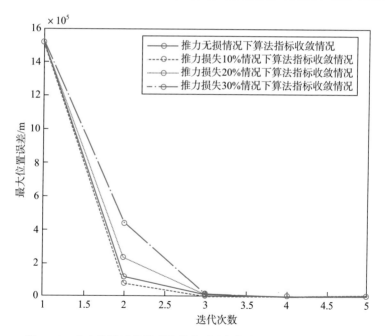

图 5-8　动力故障下的模型补偿序列凸规划方法收敛指标（P112）

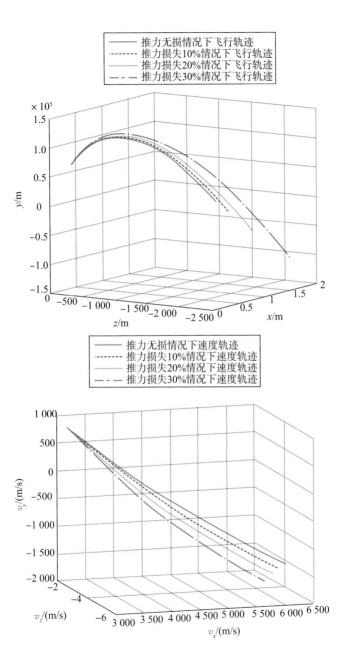

图 5 - 9　动力故障下的状态量变化曲线图 （P114）

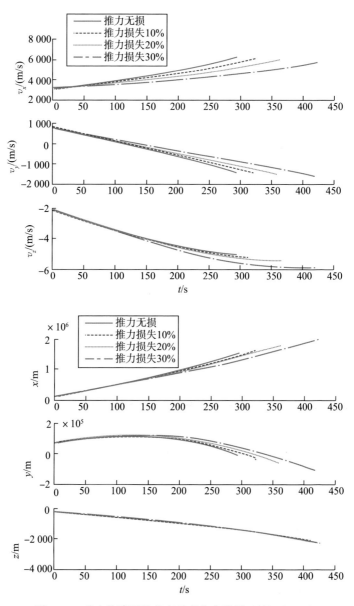

图 5 - 9　动力故障下的状态量变化曲线图（续）（P115）

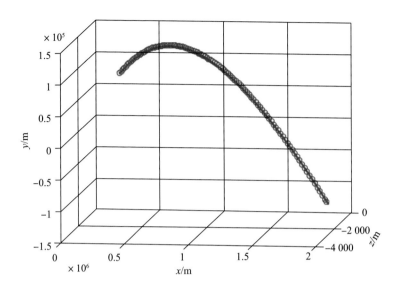

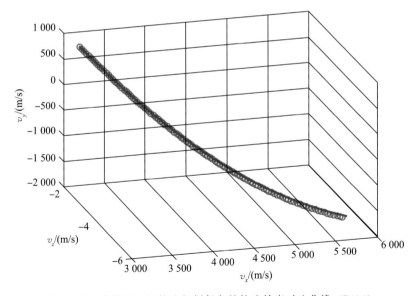

图 5-10 火箭芯一级轨迹规划任务的轨迹精度对比曲线 （P116）

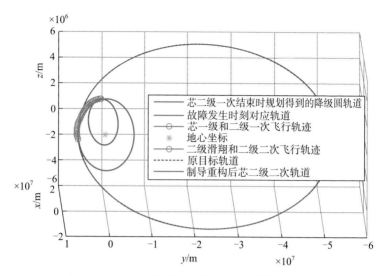

图 7 - 1　芯一级故障轨迹规划仿真结果图（P140）

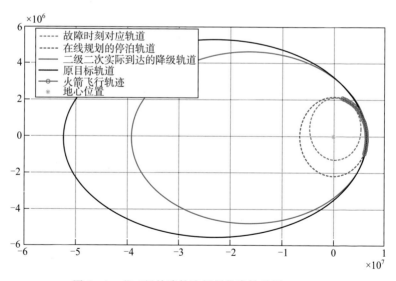

图 7 - 4　芯二级故障轨迹规划仿真结果图（P142）